ÉTUDE

SUR

L'HISTOIRE DE LA PRODUCTION ET DU COMMERCE DE L'ÉTAIN

Paris. — Imp. E. Lacroix, 54, rue des Saints-Pères.

ÉTUDE

SUR

L'HISTOIRE DE LA PRODUCTION

ET DU

COMMERCE DE L'ÉTAIN

PAR

HECTOR DUFRENÉ

Ingénieur civil, (Ancien élève de l'École centrale)

Extrait des ANNALES DU GÉNIE CIVIL

PARIS

LIBRAIRIE SCIENTIFIQUE, INDUSTRIELLE ET AGRICOLE

EUGÈNE LACROIX, IMPRIMEUR-ÉDITEUR

DU BULLETIN OFFICIEL DE LA MARINE ET DE PLUSIEURS SOCIÉTÉS SAVANTES

54, RUE DES SAINTS-PÈRES, 54

ÉTUDE

SUR

L'HISTOIRE DE LA PRODUCTION ET DU COMMERCE DE L'ÉTAIN

PAR M. HECTOR DUFRENÉ
Ingénieur civil.

(Extrait des *Annales du Génie civil*).

La civilisation matérielle d'un peuple a pour mesure la valeur de son outillage industriel et de ses armes de guerre. La supériorité du premier lui assure le succès dans les luttes pacifiques du commerce; la puissance des autres lui donne la victoire sur les champs de bataille. L'inventaire des ateliers et des arsenaux peut donc servir à caractériser la situation d'un pays, à la condition cependant que les instruments et les armes soient fabriqués par les hommes qui l'habitent, et qu'on possède les moyens de comparer ces objets avec ceux que produisent et qu'emploient les peuples contemporains.

Cette remarque s'applique aux industries et aux hommes d'autrefois comme à ceux d'aujourd'hui. Lors donc qu'on rencontre dans une sépulture, sous le sol d'une caverne ou parmi les débris d'une habitation, des outils ou des armes de bronze, on ne peut en conclure que les hommes de la même contrée et du même temps ont été en possession des secrets de la métallurgie, si l'on ne trouve aussi des preuves certaines que des mines voisines ont été exploitées, et que des fonderies ont été créées par des contemporains.

Dans les cas douteux, c'est-à-dire à défaut de preuves convaincantes, on doit présumer que le commerce a apporté ces objets eux-mêmes de pays plus avancés en industrie, sinon en civilisation.

Il suit de là que la période si improprement appelée âge de bronze, est, pour certains pays, contemporaine de celle qu'on désigne sous le nom d'âge de la pierre, et que cette même période peut être, dans d'autres circonstances, postérieure au temps où le fer était connu dans des contrées privées de mines d'étain et de cuivre, et dont les habitants n'étaient entrés que fort tard en communication avec des peuples riches en bronze.

L'examen de certains objets trouvés en Europe, et spécialement en France, conduit à attribuer, dans beaucoup de circonstances, au commerce d'échange, la présence ou l'introduction du bronze dans nos pays. Dans ce cas, il y a quelque intérêt à connaître les conditions dans lesquelles se faisait ce commerce, et quelles étaient les marchandises qui s'échangeaient contre le bronze. Quand il s'agit des régions voisines de la mer, au temps où la navigation avait déjà acquis une certaine activité, la question n'est pas très difficile à résoudre : le fret de retour, malgré la faible capacité des anciens navires, pouvant se composer de produits encombrants. Sa solution n'est pas aussi facile quand elle est posée pour une époque où la marine marchande n'existait pas encore.

Quoique les indications en soient bien vagues, la position de certains objets de l'âge de bronze a servi à évaluer le nombre de siècles écoulés depuis l'apparition des métaux dans l'Europe occidentale. En fixant à 4000 ans avant notre ère l'arrivée dans nos pays des premières armes de bronze, ce qui résulte à peu près des recherches dont je veux parler, on peut être assuré que cette époque est contemporaine des premières civilisations en Egypte, et dans la partie de l'Asie occupée par les populations Touraniennes et Kouschites. Il y a même apparence que ces mêmes pays d'Orient connaissaient le fer, et l'on peut alors se demander pourquoi, si le bronze était apporté par les Orientaux, ceux-ci n'apportaient pas aussi le fer.

Quand il apparut pour la première fois dans l'Occident, le bronze devait avoir une valeur considérable; on ne pouvait l'échanger que contre des marchandises d'un grand prix telles que l'or, l'ambre, etc. S'il venait directement d'Asie il ne pouvait être transporté qu'au moyen de chevaux, incapables de ramener des produits d'un grand poids ou d'un grand volume.

Nous avons presque la certitude que les populations de l'Asie centrale connaissaient le cheval domestique à l'époque dont il s'agit, époque à laquelle, dans les pays d'Occident, il paraît avoir seulement servi de nourriture. Quand on songe à l'étendue des pays à traverser, et aux difficultés de toute nature que devait rencontrer le passage des caravanes, on est conduit à douter de la possibilité d'une importation directe des bronzes d'Asie en Europe à une époque aussi reculée.

Dans tous les cas, l'exploitation des mines de cuivre a dû être provoquée par ce fait que, dans les pays privés d'étain, une fois les habitants initiés à l'art de la fonderie, le poids du métal importé se réduit immédiatement des neuf dixièmes, par cette raison que le bronze se compose généralement de 90 parties de cuivre pour 10 d'étain. Ce fut donc à l'étain de se rapprocher du cuivre et non au cuivre de voyager vers l'étain, comme de nos jours c'est aux minerais de cuivre et de fer d'aller trouver le combustible.

Comme l'étain est un métal très rare tandis que le cuivre est fort commun, il a dû être de bonne heure recherché. D'un autre côté on ne le rencontre ni en Assyrie ni en Egypte, où la période de civilisation matérielle caractérisée par l'emploi exclusif des instruments de bronze remonte vraisemblablement à une très haute antiquité : il en résulte que le commerce de l'étain a dû commencer à une date extrêmement reculée.

Autant qu'on peut en juger en l'absence de documents positifs, toutes les probabilités concourent, comme je l'ai dit plus haut, pour nous faire admettre que l'apparition du bronze en Europe est postérieure à la formation des premiers établissements réguliers dans la Chaldée et dans l'Egypte. Or, toutes les migrations connues ont leur point de départ dans l'Asie, et, sauf quelques vagues connaissances, si haut que remontent les traditions, elles ne concernent que la dernière couche humaine, celle qui a apporté avec elle la civilisation et en particulier les secrets de la métallurgie parmi les populations encore barbares, déjà dispersées sur la terre depuis de longs siècles, et ne connaissant que les armes et les outils de pierre.

Cette irradiation des Kouschites, des Semites et des Aryens a été loin de se faire à l'aide d'un même exode; les départs se sont au contraire effectués à des dates successives et dans des directions fort différentes. Il est à remarquer que ces populations qui, de l'Asie centrale se sont dirigées vers les quatre points cardinaux, ne sont jamais retournées en arrière après un établissement fixe, leur développement a pu se faire dans une direction latérale, il n'a jamais été rétrograde. Sauf quelques victoires éphémères, sauf quelques conquètes d'une durée relativement faible, l'histoire n'enregistre depuis tant de siècles qu'une marche en avant non encore terminée de nos jours. C'est en vertu de cette impulsion première que se sont accomplies toutes les grandes invasions; c'est elle qui a poussé les Européens en Amérique et qui y conduit aujourd'hui les Chinois.

I. — L'ÉTAIN ET SES MINERAIS.

L'étain. — Pour bien comprendre la question de l'étain, il faut avoir présentes à la mémoire les principales propriétés du métal et celles des minerais à l'aide desquels on l'obtient. Je vais les rappeler en quelques mots.

L'étain est un métal blanc, moins brillant que l'argent, mais cependant doué d'un certain éclat et ne se ternissant à l'air que lentement. Sa ténacité est faible : un fil de 2 millimètres de diamètre se rompt sous une charge de 24 kilogr. Quand il est pur, sa densité est de 7,29. C'est le plus fusible des métaux usuels : il se liquéfie vers 228° cent. On peut, quand il est réduit en lames minces, le faire fondre sur un papier à la flamme d'une bougie : avec quelque précaution, l'expérience réussit sans que le papier soit brûlé. Cette facile fusibilité avait été remarquée des anciens (1), et Pline nous rapporte « qu'on essaye le plomb blanc (l'étain) sur du papyrus, il faut que, fondu, il paraisse en déterminer la rupture par son poids, non par sa chaleur (2).

L'étain du commerce contient le plus souvent quelques métaux étrangers, mais quand il a été obtenu à l'aide du minerai dit d'alluvion, lavé depuis des siècles et roulé avec les sables, il est d'une grande pureté. Tel est celui de Banca, qui renferme ordinairement 99,9 d'étain et seulement 8 à 9 centièmes pour cent d'un mélange de fer, de cuivre et de plomb. Les minerais en filons donnent de l'étain beaucoup moins pur dans lequel, outre les métaux que je viens de nommer, se rencontre quelquefois jusque $^1/_{200}$ d'arsenic.

Pour reconnaitre rapidement la qualité de l'étain, on en coule une petite quantité et on en examine la surface après refroidissement. Elle ne doit présenter aucun indice de cristallisation, une très petite quantité de métaux étrangers suffit pour lui communiquer une apparence cristalline ou arborisée.

Enfin une propriété remarquable et d'une grande importance au point de vue historique, comme je le ferai voir plus loin, propriété que nul autre métal ne possède, au moins d'une manière facilement appréciable, c'est ce qu'on nomme le *cri*. Une baguette d'étain pliée fait entendre un craquement très

---

(1) *De Mirab. ausc.*, p. 101, édit. Beckm. *Timée*, phrag. philos. grecs, Didot vol .II p. 42. — (2) *Pline* XXXIV-XLVIII-3.

prononcé, dû au frottement et à la rupture des cristaux qui constituent la masse du métal. Quelques centièmes de métaux étrangers empêchent ce phénomène de se produire. Le zinc, quand il est très pur et dans certaines conditions, fait aussi entendre un léger bruit quand on le courbe, mais ce *cri* du zinc est bien loin d'atteindre l'intensité du *cri* de l'étain.

Une seule des combinaisons dans lesquelles peut entrer l'étain intéresse le métallurgiste, c'est l'oxyde, le bioxyde ($Sn O^2$) qu'on nomme dans les laboratoires acide *stannique,* parce que, en effet, il joue le rôle d'acide à l'égard des bases faibles.

Le bioxyde d'étain contient 21,33 d'oxygène et 78,67 de métal; il se présente ordinairement sous la forme d'une poudre blanche, et c'est cette poudre qui, incorporée dans la masse d'un verre transparent, le rend translucide et lui communique une nuance opaline. On peut l'obtenir cristallisé en décomposant au rouge le bichlorure d'étain ($S^n CL^2$) par la vapeur d'eau. Dans cet état il a une densité de 6,72 qui atteint presque celle de l'oxyde naturel (6,80) et se présente sous la forme de cristaux incolores rayant le verre; leur système cristallin dérive d'un prisme droit à base rhomboïdale.

Les minerais. — Le principal, on peut dire le seul minerai d'étain est précisément ce bioxyde, la *cassitérite.* Sa densité est de 6,80, il raye le verre et ses cristaux dérivent d'un octaèdre à base carrée, diffèrent en cela, comme nous venons de le voir, de l'oxyde artificiel. Il est brun, gris ou noir, quelquefois transparent. Une variété particulière, amorphe ou stalactiforme, prend le nom d'*étain de bois*; c'est un minerai très pur montrant des couches concentriques offrant une certaine ressemblance avec le bois silicifié ou pétrifié.

Un autre minéral très rare, la *stannine*, se rencontre quelquefois dans les mines d'étain, spécialement dans le Cornwal; c'est une substance grise ou jaunâtre, d'apparence métalloïde contenant de l'étain, du cuivre, du fer et du soufre. La stannine est donc un sulfure d'étain, de cuivre et de fer. Elle se présente quelquefois cristallisée en petits cubes. Si elle était plus abondante, et peut-être cette circonstance s'est-elle présentée autrefois, elle pourrait, étant réduite, fournir en une seule opération une espèce de bronze naturel.

Une autre substance minérale contenant de l'étain, une pyrite stannifère a reçu le nom de *ballesterosite.* Sa densité est de 4,80. Sa couleur varie du jaune bronze au jaune laiton et lui donne une forte ressemblance avec la pyrite de fer, avec laquelle elle est toujours mélangée. Sa cristallisation dérive du cube. Elle contient du soufre, du fer, du zinc et de l'étain. Elle est souvent mêlée à de la galène argentifère, et dans ces conditions, quand on la réduit, on en obtient un métal contenant : étain, 80; plomb et argent, 19, avec de petites quantités de zinc et de fer. D'après MM. Paillette et Schultz, qui ont particulièrement étudié ce minéral dans les Asturies, cette composition se rapproche beaucoup de celle de plusieurs médailles antiques (1).

---

(1) Paillette et Schulz, *Bulletin de la Soc. géol. de France*, 1849, p. 24.

II. — GISEMENTS DE L'ÉTAIN.

Après avoir sommairement décrit les propriétés de l'étain et la nature de ses minerais, je vais essayer de déterminer avec le plus de précision possible, les emplacements où la présence de l'étain a été connue des anciens, passant toutefois sous silence les gisements les plus récemment découverts, ceux d'Allemagne, d'Amérique et d'Australie, auxquels les anciens ne peuvent avoir puisé.

Angleterre. — C'est à l'extrémité sud-ouest de l'Angleterre, dans le comté de Cornwall, que se trouvent les seules mines d'étain de la Grande-Bretagne. Elles sont situées entre *Truro* et le cap *Land's end*, autrefois connu sous le nom de *Belerium promontorium*, principalement près de Penzance, dans un sol métalifère constitué par les granits de la chaîne Ochrinienne, les schistes amphiboliques nommés *killas* (Corn. *callys* killas, dur, brillant), et les dykes porphyriques appelés dans le pays *elvan* (Corn. *elven*, étincelle). Le minerai y est en place dans des filons et des stockwerks, sous forme d'oxyde disséminé dans une gangue quartzeuse mêlés de tourmaline et de micas, aux environs de *Saint-Just* et de *Saint-Austle*.

Outre ces filons en place, on trouve aussi l'oxyde d'étain dans les mêmes localités dans des alluvions résultant d'une désagrégation très ancienne de gîtes préexistants. Ces alluvions, qui fournissent de l'étain très pur, sont souvent recouverts de 10 à 20 mètres de terre. On rencontre aussi de l'étain dans les sables des rivières et de la mer, ainsi que dans plusieurs baies de l'estuaire même de *Falmouth* (1).

Quand on a franchi le bras de mer situé au large du cap Land'send, on arrive aux îles *Sorlingues* ou *Scilly*, dans lesquelles se trouve aussi de l'étain. Il en existe une mine à *Trescaw*, mais on rencontre de l'oxyde dans les bas-fonds et dans les sables des plages que recouvre la mer. Un des escarpements d'*Annet* laisse même voir la trace d'un filon (2), et il est fort probable que d'autres sont cachés sous la mer entre la côte d'Angleterre et les îles. Suivant une légende, le fond de ce bras de mer, sol autrefois découvert et maintenant enseveli sous les eaux, portait les noms de *Lionesse* et de *Lelothsow* et renfermait une quarantaine de villages surpris, à une date inconnue, par une soudaine inondation (3).

A l'aide du secours des langues celtiques, on peut, je crois, dans ces deux mots, retrouver le souvenir et l'explication de la légende. Il faut rapprocher du premier, *Lionesse*, les mots néo-celtiques suivants : Corn. *Leana*, gaël. *lion*, irland. *lionadh*, remplir; du second, *lelothsow* : gaël. *lud*, étang; armor. *loued*, humide; irland. *loth*, marais, ainsi que le kymrique *swf*, emplacement. Ces deux mots signifieraient donc « lieu submergé ».

Les langues celtiques fournissent aussi quelques indications relatives à la présence de l'étain dans les Scilly, car on trouve en plusieurs endroits de ces îles des localités portant le nom de *guel hill*, de *guel island* et les mots *guel*

(1) *Borlase*, Natural history of Cornwall, p. 164. — (2) *Borlase*, observat on the ancient and présent state of the Island of Scilly., p. 45 et 73. — (3) *Reclus*, géographie, 4. vol., p. 410.

ou *huel*, dans le dialecte technique des mineurs du Cornwall, ont la signification de « mine d'étain ».

Nous sommes donc, soit dans les Sorlingues, soit dans les ilots à demi inondés des côtes du Cornwall, de la baie de Penzance ou de l'estuaire de la *Fal*, sur le territoire des îles *Cassitérides*, que les Grecs nommaient ainsi à cause de leur richesse en étain, Herodote les mentionne le premier (1); l'historien Timée parle de l'île Mictis qui produit le plomb blanc, et qui est située à six jours de navigation de la Bretagne (2). Diodore, de Sicile, place les mines d'étain sur le promontoire Belerium (3), le cap Land's end et dans les Sorlingues (4) Festus Avienus, qui écrivait à la fin du IVe siècle, appelle les Cassitérides : les îles *Œstrymnides* (5). Strabon en parle plusieurs fois (6). Priscien et Denys le Périégète les nomment *Hespérides* (7), c'est-à-dire occidentales, comme le confirme Eustathe (8). César rapporte la production de l'étain à l'Angleterre même (*méditerraneis regionibus*) par opposition à la situation des mines de fer qu'il place sur les côtes (*maritimis regionibus*) (9).

Pomponius Mela (10) dit que ces îles sont riches en plomb, mais il veut dire en plomb blanc, c'est-à-dire en étain, car il attribue leur nom de Cassitérides à l'abondance du plomb qu'elles renferment...... quia plumbo abundant. C'est du reste Camden qui, le premier, a identifié les Cassitérides avec les Sorlingues (11).

Mais ce nom de Cassitérides n'etait qu'une épithète grecque, la véritable dénomination celtique paraît avoir été soit *Œstrymnis*, soit *Sigdelis* ou *Sillinæ* (pour *Siclinæ*) (12) d'où provient le mot plus moderne de *Scilly*. En confirmant les traditions dont j'ai parlé plus haut à propos des mots Lionesse et Lelothsow, les dialectes celtiques vont nous fournir la véritable étymologie des dénominations locales Scilly et Œstrymnis, recueillies et transmises d'une manière plus ou moins exacte par les historiens anciens.

Œstrymnis parait vouloir signifier « rivage éloigné ou écarté »; cf. kymr. *est*, état de séparation et *rhim*, bord, comme en irlandais *rimhin* et en armoricain *rim*, ce qui rappelle le latin *rima* crevasse, et *limes* frontière. Nous sommes donc loin de l'étymologie proposée par Lelewell qui prétend que le mot Œstrymnis signifie le peuple inconnu ou caché (13).

Ce qui semble confirmer l'explication que je propose, c'est que le mot *scilly* analysé nous conduit au même résultat. En effet, dans le dialecte cornique, la langue du pays éteinte depuis environ un siècle, *scilly* veut dire séparé; cf. gaël. *scar*, séparer; *scleat*, ardoise (facile à fendre); irland., *scaraem*, déchirer; armor. *skalf*, séparation.

---

(1) *Hérod.* liv, III, chap. CXV. — (2) *Pline*, XXX. III, 1. Je ferai voir plus loin à ce sujet que *Mictim* est une lecture fautive du texte latin; voir aussi *Pline*, liv. IV, XXXVI, 1. — (3) *Diod. Sicul.*, liv. V, CXXII. — (4) *Diod. Sicul.*, liv. V. chap. XXXVIII. — (5) *Fest Avienus*, ora marit., v. 91, 199. *Fest Avienus*, descript. orb. ter. x. 744. — (6) *Strabon*, liv. 2, chap. XV, et. liv. 3, chap. XI. — (7) *Prisc. per.*, p. 195. v. 575. — *Dion. per.* orb. descrip. géog. min., Didot, v. II., p. 189. v. 561-562. — (8) *Eustathe.* com. *Dion. per.*, p. 326, v. 561. — (9) *César*, de bel. gol. liv. 5, chap. XII. — (10) *Pomp. Mela* (c. VI, LIII. — (11) CAMDEN, *Brittannia* Lond. 1789, in-fol. vol. III, p. 775, col. 3. — 12) *Itinéraire* d'ANTONIN et SULPITIUS, II, p. 45. — (13) LELEWELL, *Pytheas.* p. 22 note.

On peut donc croire qu'il y a dans ces indices concordants, sinon le témoignage d'un fait contemporain, au moins l'écho d'une tradition fort ancienne peut-être fondée sur des signes d'affaissement plus apparents autrefois qu'aujourd'hui.

France. — Notre Bretagne française a autrefois parlé le même langage que le Cornwall anglais, elle renferme encore les mêmes plantes et les mêmes roches. Le granit, le porphyre elvan, les schistes killas y sont représentés, malheureusement les filons d'étain qui s'y trouvent sont rares et pauvres, les alluvions stannifères peu fécondes. Les théories géologiques trouvent leur sanction dans ce parallélisme, mais la métallurgie pratique n'y rencontre pas la même satisfaction.

L'étain y a été cependant signalé et exploité à *Piriac* et à *Guérande* où il se trouve en petits filons, ainsi qu'à *Penestin* sur la rive gauche et près de l'embouchure de la Vilaine. Dans ces localités, il existe aussi des sables contenant de l'oxyde d'étain. En Armoricain, l'étain se dit *sten*, *stean*, *stin*; *pen* signifie tête ou cap; *Penestin* est donc « le cap de l'étain, » on y a trouvé du reste les traces d'anciennes forges (1).

D'autres filons d'étain se montrent à la *Villeder* près du *Roc-Saint-André*, sur la route de Rennes à Vannes (2) dans un filon de quartz blanc. On y a trouvé de grandes excavations dans lesquelles se sont rencontrés une hache de bronze, des restes de conduits apportant de l'eau pour le lavage des sables ainsi que des scories parsemées de grains d'étain (3). D'autres indices d'étain se trouvent à *Pourmalon*, *Castillon*, *Poudelan*, *Guehenno* où les alluvions renferment de l'or, à *Maupas*, au *Lédo*, au *Plinet*, etc. Ces mines s'étendent ainsi dans la Bretagne en suivant une ligne nord-sud, depuis l'embouchure de la Loire jusqu'à Josselin (4).

Dans les mêmes conditions, c'est-à-dire en relation avec les granits, les porphyres, les kaolins, comme dans le Cornwall, l'étain se rencontre auprès de *Esse* dans l'arrondissement de Confolens, dans la Haute-Vienne, à *Vaulry*, à *Cieux*, dans la chaîne du *Blon*, non loin de Bellac. Là se trouvent les restes de travaux considérables (5), et on n'évalue pas à moins de 400,000 mètres cubes le vide produit par les déblais entre les hameaux de la *Garde* et de la *Tournerie*. Les scories contiennent une notable quantité d'étain et l'or s'y trouve, comme dans beaucoup d'endroits, mélangé à l'oxyde des alluvions superficielles.

Dans le même département, l'étain a été découvert à *Bassines*, *Morterolles*, *Saint-Sulpice-Laurière*, *Ambazac*, près de Limoges même, aux environs de *Saint-Léonard* et de *Couzeix*, au sud du département à *Saint Yrieix*, à *Janailhac* et à *Roche-l'abeille*.

Dans la Creuse on connaît les gîtes de *Montebras*, commune de Soumans, où l'on a reconnu les traces d'anciens travaux et rencontré l'oxyde d'étain dans les débris. D'autres mines se trouvent au nord de Bourganeuf entre *Janaillot* et le

(1) Marteville et Varin, *Dict. de Bret.*, tome II, p. 265. — (2) *Annales des mines*, 1834, p. 6. — (3) Simonin, *Académie des sciences*, vol. 52, p. 346. — (4) *Bulletin de la société géolog. de France*, vol. 6, p. 74. Id. vol. 11, p. 218. — (5) *Mémoire de la société des ingénieurs civils*. Cailliaud, tableau des mines de France, p. 238, 262, 264, 268, 325.

Sonlier, aux environs de *Bénévent*, *Mourious*, *Cegroux*, entre *Forgeas* et *Saint-Chartrier*. Ces localités, explorées de nouveau dans ces dernières années, avaient autrefois été citées par Schlutter (1). Des fouilles considérables existent près d'*Entraguet*, d'autres au sud de *Chamborand* où elles portent le nom de « trou des fées ».

On signale aussi l'étain à *Moutier-Roseille* près d'Aubusson, et ce sont sans doute ces mines qui ont donné lieu à l'ordonnance de Louis XIV « portant règlement pour la recherche des mines d'étain », en date du 8 mars 1804 (2), et aux lettres-patentes de la même date autorisant le vicomte d'Aubusson, duc de la Feuillade, à faire tirer la mine d'étain (3).

Dans la Corrèze, on trouve le prolongement des gîtes stannifères de la Haute-Vienne sur le territoire de la commune de *Ségur*. Dans l'Allier, M. Daubrée a découvert une petite quantité d'étain dans les kaolins de la *Lizolle* et d'*Echassiéres* près Gannat. La forêt de *Collettes* porte les traces d'une exploitation fort ancienne sur une étendue d'environ 200 hectares, dans un terrain de transport contenant des fragments de quartz, d'oxyde d'étain et d'hyalomicte comme à Montebras. Une meule circulaire de 40 centimètres de diamètre, ayant servi à la préparation du minerai et analogue à celles trouvées à Montebras, a été découverte dans cette localité (4).

Dans le Puy-de-Dôme, dans les environs de *Pontgibaud* où sont exploitées d'importantes mines de plomb argentifère, on a trouvé un filon d'étain d'une assez grande puissance. L'oxyde est dans une gangue quartzeuse et le filon se trouve près de l'extrémité sud du groupe métallifère de *Roure* et d'*Argentelle* (5). Cette mine n'a jamais été exploitée et je n'en parle que pour mémoire.

Schlutter donne des indications sur différentes mines d'étain autres que les précédentes, je les donne comme moins certaines, n'ayant pu en trouver la confirmation dans aucun document récent. Il en signale sur la paroisse de *Veuron*, Gévaudan (6), à *Couserans*, comté de Foix, dans la vallée d'*Erce*, dans les Pyrénées, près de la montagne de *Bazet* et de *Foureilhon* (7). Il mentionne également une mine d'étain sur le territoire du village de *Chevaux* près de Courcelles (Indre-et-Loire). Cette dernière indication a été faite d'après Piganiol (description de la France). Elle a été reproduite ainsi que les précédentes par Buffon (8). Les mines de Couserans ont du reste donné lieu à une ordonnance portant « règlement pour l'exploitation des mines d'or et d'étain de la vicomté de *Couserans* » ou Conserans, en date de l'année 1483 (9).

Espagne et Portugal. — L'existence des mines d'étain de la péninsule Ibérique a souvent été niée, où, du moins, leur importance considérablement amoindrie. A la vérité, elles produisent fort peu aujourd'hui, mais les investigations mo-

---

(1) Schlutter, de la *Fonte des mines*, trad. Helliot, 1740, tome I, p. 59. — (2) Isambert, *Anciennes lois françaises*, vol. 10. p. 443. — (3) *Archives nat.* Ordonnances enregistrées au Parlement de Paris, v. 44, ff, 201. — (4) Daubrée, note sur le Kaolin, *Comptes rendus de l'Académie des sciences*, tome LXVIII, p. 1137, 1138. — (5) *Mémoire de la société des ingénieurs civils*, Cailliaud, tableau des mines de France 1875, p. 325. — (6) Schlutter, de la *Fonte des mines*, tome I, p. 24. — (7) *Fonte des mines*, tome I, p. 42. — *Fonte des mines*, tome I, p. 63. — (8) Buffon, édit. 1845, tome II, p. 307. — (9) Isambert, *Anciennes lois françaises*, vol. 10, p. 911.

dernes, d'accord avec l'histoire, prouvent une antique et fructueuse exploitation.

En Espagne et en Portugal, les minerais d'étain se trouvent répartis sur la surface d'un triangle dont les trois sommets seraient *Santiago* en Galice, *Valladolid* dans le royaume de Léon et *Porto* dans le Portugal. Les mines sont donc à peu près entièrement comprises dans le territoire habité autrefois par les *Gallæci*, peuple d'origine celtique, qui occupait alors le pays situé entre le Douro et la côte septentrionale de l'Espagne, l'*Ophiusa litus*.

Les principales mines sont situées dans la province d'Orense où, sur quinze mines concédées, trois sont exploitées, celles de *Beariz*, de *Gomesende* et de *Freas de Eiras*; elles ont produit, en 1870, 17,000 kilogrammes d'étain. Une mine de la province de Pontevedra, celle de *San-Roque*, a donné 10,000 kilogrammes d'étain (1). Plusieurs exploitants exposaient les produits de ces mines à Paris en 1867 (2). A. de Humbold (3) et Schulz (4) ont signalé la présence de l'étain dans les granits de la Galice (5).

D'autres mines se montrent à *Zamora* (6), à *Candelario*, à *Sequeros*, à *Santo-Tomas*, à *San Pedro de Rizardos y Terrubias* (Salamanca) (7) et à *Valladolid* (8).

En Portugal, des mines d'étain ont été découvertes dans la province de Beira, au lieu dit *Burraco de Stanno* (9), littéralement « le trou de l'étain ; » à *Miranda de douro*, (Tras-os-Montes) (10), à *Rodas da Marao*, à *Rebordoza* (Porto) (11).

Dans l'antiquité, les mines de la péninsule Ibèrique ont été signalées par Ezéchiel à propos du commerce de Tyr (12), Posidonius mentionne au nord de la Lusitanie des mines d'étain dans des filons en place, car il nie positivement qu'on recueille le minerai à la surface « comme les historiens se plaisent à le répéter » (13). Cependant Justin, ordinairement si bien informé, indique que la Galice produit de l'or, du cuivre et du plomb (14) et ne parle pas de l'étain. Scymnus (15), Festus Avienus (16), Etienne de Byzance (17), Eustathe (18), prétendaient que le fleuve *Tartessus* apportait l'étain aux habitants. Comme l'a bien reconnu M. de Rougement (19), il y a là une confusion très probable, née de l'apparente ressemblance entre *Tartessus* et *Dertosa*, ville de l'embouchure de l'Ebre. On peut présumer que c'était à cette ville qu'aboutissait la route suivie par le commerce de l'étain en Espagne, tant que les navires Tyriens n'eurent pas abordé la navigation de l'Atlantique. Il était plus facile d'écouler les produits des mines par *Numantia* et l'*Ebre*, que d'aller chercher le *Bœtis* pour gagner le sud de l'Espagne, quoique cette dernière route ait pu être suivie.

---

(1) *Estadistica minera de Espana*, Madrid 1873, p. 18, 48. — (2) *Catalogue de l'Exposition de* 1867, p. 164. — (3) *Cosmos*, tome II, p. 487. — (4) *Descripcion géog. del Reino de Galicia*, Madrid 1835, vol. 6, l. III. (5) FOURNET, le *Mineur*, p. 441. — DUFRÉNOY, *Minéral.*, vol. 3, p. 300. — (6) *Catalogue de l'Exposition de* 1855, p. 308. — (7) *Estadistica minera de Espana* 1873, p. 75. — (8) *Catalogue de l'Exposition de* 1862, p. 348. — (9) FOURNET, le *Mineur*, Lyon 1862, p. 441. — (10) *Catalogue de l'Exposition de 1862*, p. 316. — (11) *Catalogue de l'Exposition de* 1867, p. 164. — (12) EZÉCHIEL, XXVII, 12. — (13) POSIDONIUS ap. STRABON, liv. III, chap. IX. — (14) JUSTIN, liv. XLIC, chap. III. — (15) SCYMNUS, bil. gr. Didot, p. 201, v. 165. — (16) FESTUS AVIENUS, *ora. marit.*, v. 296. (17) STEPH. BYZANCE, v. τάρτεσσος. — (18) EUSTATHE, com. Dion. orb. desc. *géog. min.*, Didot, vol. 2, p. 276, v. 337. (19) DE ROUGEMONT, l'*Age du bronze*. p. 109.

Diodore de Sicile, qui parle des mines d'étain de l'Ibérie, affirme qu'aucune des mines de ce pays n'est d'exploitation récente, « toutes ont été, dit-il, ouvertes par les Carthaginois (1). Il est certain qu'elles étaient exploitées bien avant la domination carthaginoise, et je regarde comme à peu près prouvé que les populations Galiciennes fournissaient aux Tyriens l'étain de leurs mines, bien avant que ceux-ci arrivassent jusqu'au territoire où elles étaient situées.

Pline nous donne sur cette exploitation quelques détails fort exacts : après avoir mentionné les mines de la Galice (2), il établit clairement qu'il s'agit d'un minerai d'alluvion : « C'est, dit-il, un sable à fleur de terre, de couleur « noire et qu'on ne reconnaît qu'au poids, les mineurs lavent ce sable et « calcinent le dépôt dans des fourneaux (3). On trouve aussi de ce plomb « (plombum album) dans les minerais d'or nommés *alutia*, l'eau qu'on fait « passer détache des graviers noirs, variés de blanc quelquefois, et aussi pesants « que l'or, aussi restent-ils avec ce métal dans les corbeilles dans lesquelles on « recueille l'or, puis l'action des fourneaux les sépare de l'or, ils se fondent et « deviennent le plomb blanc (l'étain)... » Ce plomb blanc ne donne pas non « plus d'argent, bien que le plomb noir (le plomb) en donne (4). »

Ce nom d'*alutia* donné aux minerais d'or dans lesquels on trouve de l'étain, est d'origine celtique comme presque tous les termes empruntés au dialecte des mineurs d'Espagne et que cite Pline dans le même livre : Arrugia, corrugi, baluca, palacra, apitascudem, segullum, tasconium, etc. *Alutia* signifie « laverie » du celtique *loth* (5) qui implique l'idée d'eau, c'est du reste ce radical qui entre dans la composition du mot *lutetia* avec le sens de marais.

Il s'agit donc du lavage des alluvions aurifères contenant des grains d'étain, et le récit de Pline est ici, par extraordinaire, d'une grande exactitude. Comme nous l'avons vu plus haut, l'oxyde d'étain est fort pesant et, quoique beaucoup moins dense que l'or, il se dépose nécessairement en même temps que les paillettes, de sorte que le résidu du lavage étant traité par le feu, l'or se fond et le minerai d'ètain reste intact dans le creuset. Soumis de nouveau à l'action de la chaleur en présence du charbon, l'oxyde d'étain se réduit facilement et laisse couler le métal.

L'opinion de M. Hœfer qui prétendait voir là du platine ne me paraît pas soutenable (6). Quoique le minerai de platine, effectivement très lourd, puisse avoir cette apparence, il s'agit ici de grains d'étain natif disséminés dans la masse, ou peut-être aussi des particules de quartz adhérentes aux cristaux d'oxyde d'étain. Ces grains d'étain ont été souvent signalés (7) et la présence simultanée de l'or et de l'oxyde d'étain dans les alluvions a été maintes fois constatée (8).

Isidore de Séville (9) et Agricola (10) confirment du reste ces données et, de

---

(1) Diod. Sicul., liv. V, chap. xxxviii. — (2) Pline, liv. IV, chap. xxxiv, 4. — (3) Pline, liv. XXXIV, xlvii, 1, 2. — (4) Pline, liv. XXXIV, chap. xlvii, 2. — (5) Zeuss, *Gram. celt.*, p. 82. — (6) Hœfer, *Hist. de la Chimie*, tome I, p. 133. — (7) *Académie des sciences*, tome LII, 1861. — *Encyclopédie méth.*, article étain. — (8) Borlase, *Nat. hist. of Cornwall*, p. 213. — (9) Isid, *orig.*, liv. XVI, chap. xxi, col. 398, Basil 1577. — (10) *Agricola de re metallica*, p. 269-279. — *Bermanus*, p. 694, Basil 1657.

son côté, Perez de Vargas (1) décrit les procédés que, de son temps les Portugais employaient pour fondre les minerais d'étain.

Je viens de parler des mines de la Galice encore reconnaissables et exploitables, mais il en existe d'autres, dans les Asturies, qui paraissent avoir été complétement épuisées et dont on ne retrouve que les ruines. C'est dans ces montagnes que MM. Schulz et Paillettes ont rencontré les restes d'immenses travaux, sur la côte de la mer Cantabrique à 6 kilomètres de Ribadeo dans une localité nommée *Sabale*. Le gîte présente des excavations de plus de 4,000,000 de mètres cubes et l'on y voit encore très bien les galeries d'écoulement et les aqueducs contournés qui amenaient, de 12 kilomètres, l'eau nécessaire aux travaux des mineurs. On y a trouvé des blocs de quartz ayant servi au broyage du minerai et des groupes de fourneaux ruinés, entourés d'une double enceinte de fossés, formant une fortification assez importante.

A *Ablaneda*, à 4 kilomètres au sud de *Sabale* et à 24 kilomètres à l'ouest d'Oviedo, se voient des travaux non moins remarquables. Les restes de trois aqueducs, d'une exécution fort difficile, sont encore visibles dans les environs. Un échantillon d'étain oxydé a été trouvé non loin de là dans les terres labourées (2).

On a dit que les mines d'étain d'Espagne étaient insignifiantes comme production, cela est parfaitement vrai aujourd'hui, relativement à la masse d'étain livrée annuellement au commerce, mais autrefois il n'en était pas ainsi, et une exploitation peu active pouvait subvenir à de grands besoins. Prenons seulement les mines régulièrement exploitées dans les provinces d'Orense et de Pontevedra, elles ont donné en 1870, 27 tonnes d'étain comme je l'ai montré plus haut. Eh bien! si nous supposons du bronze à 10 % d'étain, cela correspondra à près de 300,000 kilog. de bronze. En admettant un poids de 5 kilog. de bronze pour la hache et les pointes de flèches et en armant seulement ainsi la moitié des hommes en état de tenir campagne, on calculera facilement qu'aux temps de l'âge du bronze, la production d'une année de ces faibles exploitations aurait suffi pour armer les soldats d'une population d'au moins 500,000 personnes. Encore doit-on penser que, même à une époque relativement rapprochée, les armes de pierre étaient employées dans une proportion plus considérable que celle que j'indique.

Italie. — Dans ces dernières années, M. le professeur Capellini a trouvé une mine d'étain à *Cento Camerello*, sur le mont *Valerio* en Toscane. Ce fait, dans un pays où l'exploitation du cuivre, au temps des Etrusques, a eu lieu sur une échelle immense, a une importance historique considérable. Mais je ne puis dire si l'on a acquis la certitude que cette mine a été exploitée en même temps que le cuivre du Campigliesse, ni si les traces de l'exploitation ancienne, si elle a eu lieu, permettent de lui donner une importance comparable à celle des mines de cuivre.

D'après M. de Rougemont (3) et M. Fournet (4) il y avait des mines d'étain en

(1) PEREZ DE VARGAS, Madrid, 1578, trad. GAUTIER, p. 358. — (2) SCHULZ ET PAILLETTE, *Bulletin de la Soc. géolog. de France*, 1849. — (3) DE ROUGEMONT, l'*Age du bronze*, p. 88. — (4) FOURNET, le *Mineur*, p. 311.

Crète, sur le mont *Sparkia* et ailleurs, et l'assertion de ces auteurs était sans doute basée sur celle de Buondelmonti qui écrivait en 1422 et plaçait une mine au sommet du Sphakia près d'une chapelle dédiée à Saint-Constantin. M. Raulin (1) a prouvé qu'il n'y avait aucune trace d'étain en Crète.

Aucune autre mine d'étain en Europe n'a pu être connue des anciens, celles d'Allemagne, d'Autriche et de Suède, ces deux dernières tout à fait insignifiantes, n'ont été découvertes qu'à une époque relativement récente.

Le Caucase. — On a nié récemment d'après l'opinion de MM. Smirnow et Abich, qui ont longtemps voyagé dans le Caucase, l'existence des mines d'étain dans ces régions. Je ferai remarquer que ce sont là des preuves négatives et quoique les historiens classiques soient tous muets sur ce sujet, il n'en faut pas conclure que l'Ibérie Caucasique n'a jamais recélé de minerai ni produit d'étain. Ces contrées, illustrées par les grands métallurgistes de l'antiquité, les Saspires, les Moschiens, les Tibaréniens, les Chalybs, etc., qui, au temps d'Homère fournissaient l'argent à l'Asie (2) et au temps d'Ezéchiel le bronze aux Phéniciens (3), semblent au contraire avoir renfermé côte à côte le minerai de cuivre et celui d'étain. Plusieurs auteurs modernes (4) affirment qu'on a découvert les restes des filons et les traces des exploitations remontant sans doute à une date fort reculée. M. Maspéro et M. de Rougemont placent des mines d'étain dans le Caucase (5) et je montrerai plus loin qu'un des noms de l'étain semble avoir été tout à fait exclusif à cette région.

L'*Indou-Kousch.* — A l'exception de Diodore (6) et de Mégasthène (7) qui affirment tous deux la présence de l'étain dans l'Inde, dénomination un peu vague, mais qu'il est difficile d'étendre jusqu'aux limites de l'Indou-Kousch, Strabon est le seul auteur qui signale l'étain comme une production des pays qui avoisinent cette chaine de montagne. Il place les mines chez les *Dranges* qui habitaient autrefois la vallée de l'*Hilment* (8).

L'Indou-Kousch est un pays extrêmement riche en mines et, dans l'antiquité, il a toujours été considéré comme tel. Ainsi que l'indique son nom, cette montagne a été, dès l'origine, habitée par les Kouschites et, comme le montre le mot *paropamisus*, des auteurs grecs ou le mot *paruparanisanna* des inscriptions cunéiformes (9), par les *Nischadas* qui paraissent avoir appartenu à la même race. C'est dans cette région montagneuse qu'étaient les fils de Kadrou, la brune, ou de *Kapiçi*, là habitaient les *Cephènes*. C'est le pays de *Chavila* dont parle la Genèse, celui des *Cabolitœ* dont la capitale était *Cabura*, le domaine de *Kuvêra*, le dieu des richesses dans les traditions indiennes (10). C'est là que le dieu Céphène, le dragon à trois têtes précipite Trita, le Sôma, la race Aryenne dans le puits *Kupa*, l'abîme (11). Là sont les *Piçaca*, les forgerons de Kuvêra, la règne *Kambala* roi des Nâgas (12); les Arabes y placent le

(1) Raulin. description de la Crète, vol. 2, p. 463. — (2) Homère, *Iliade*, chap. II, 857. — (3) Ezéch. XXVII, 13. — (4) Lenormand, *Prem. civilis.*, tome I, p. 128. — Fournet, le *Mineur*, p. 190. — (5) Maspéro, *Hist. anc.*, p. 238. — De Rougemont, *l'Age du bronze*, p. 171. — (6) *Diod. sic*, liv. II, chap. xxxvi. — (7) Mégast, Epit. Ind. hist. ix, Didot, vol. 2, p. 402. — (8) Srabon, édit. Didot, liv. XV, chap. ii, p. 616. — (9) Le normand, *Hist. anc.*, vol. 3, p. 416. — (10) *Asiatic. res.*, vol. 5, p. 299. — (11) D'Eckstein *journal asiat.*, 1860, p. 71. — (12) *Vishnu purana*, chap. xxi, Wilson works, vol. 2, p. 74

tombeau de *Khabil* ou Caïn, le diable, le forgeron, le sorcier fondateur de *Caboul*(1)

Presque tous ces mots renferment un radiral cap, cav, cab, cop, etc., qui est une des plus antiques racines du monde, presque toutes les langues la contiennent avec l'attribution d'idées se rapportant à la caverne, à la capacité, à la cavité, ex-hébreu *geb*, chaldéen *gob*, fosse ; hébreu *gebour*, arabe *gabr*, sépulcre ; sansc. *kupa*, fosse ; latin *cupa*, tonneau ; grec κυβη, caverne ; finnois *cuppa*, fosse ; lapon *cappe*, creux ; tamoul *capal*, navire. Il est impossible de ne pas rapporter à cette étymologie le mot *cabire*, qui est le nom des génies de la métallurgie antique et de ne pas lui attribuer la signification de fouilleur ou de mineur, de forgeron, préférable, à mon sens, à celle de puissants ou d'associés qui a prévalu jusqu'ici.

L'étain de l'Indou-Kousch a été signalé par des voyageurs modernes dans la contrée de *Bamian* (2) vers les sources de l'Hilment. Vers le milieu du IIe siècle de notre ère, d'après les auteurs chinois, le royaume de Caboul (*Kao-fou*) alors aux mains des Indo-Scythes (*Youë-chi*) produisait une certaine quantité d'étain (3). D'après *Ma-touan-lin* qui écrivait au XIIIe siècle, les habitants du *Ki-pin*, le Cophène (4), fabriquaient des vases d'étain et il attribue la provenance de ce métal, à tort, sans doute, au royaume de *Po-sse*, la Perse (5). Une curieuse tradition bouddhique place dans le Caboul le bâton d'étain de *Foe*, le Bouddha. Il est long de 21 mètres, on l'arrose avec des tubes remplis d'eau et il est entièrement recouvert de feuilles d'or. Le poids de ce bâton varie constamment, tantôt cent hommes ne peuvent le porter, tantôt un seul homme le soulève facilement (6).

D'après les recherches du capitaine Drummont, au sud de *Baghgye* se trouvent des mines très importantes présentant une quantité considérable de scories et de vastes excavations dans un complet état de ruine. Une de ces mines porte le nom significatif de *Koh-i-aenuk* (7), c'est-à-dire « la montagne de l'étain, » *Anak* ou *Anuk* désigne ce métal dans les langues sémitiques et il faut noter que la langue des habitants actuels de ce pays n'a aucun rapport avec ces idiômes ; aujourd'hui, du reste, ils nomment l'étain *qulue* (8). Dans les environs de cette mine se trouvent des filons de cuivre, cuivre pyriteux, oxyde rouge, cuivre natif.

Les traditions conservées dans le Vendidad-Sadé nous apprennent que, quand les Iraniens, en suivant l'itinéraire tracé dans l'*Avesta*, arrivèrent dans l'*Heetomeanté*, c'est-à-dire dans les gorges montagneuses d'où sort l'*Etymander* ou *Hilment*, contrée qui fut leur seconde station, *Ahriman* y produisit la magie (9) et nous savons que les métallurgistes étaient autrefois regardés

---

(1) *Mém. of Baber*, trad. Leyden et Erskine, p. 136. — (2) De Rougemont, l'*Age du bronze*, p. 86. — Lenormand, *Prem. civilis.*, vol. 1. p. 129. — Wilson, *The abode of Snow*, Lond. 1875. p. 449. — (3) *Kou-lin-tou-chou*, trad. Pauthier, *journal asiat.*, 3e série, vol. 8, p. 263. — (4) Stan-Julien, *Hist. de la vie de Hiouen-Thsang*, Paris 1853, vol. 1, p. 405. — (5) Rémusat, *Nouveaux mél. asiat.*, vol. 1, p. 206, 250. — (6) Foe-Koue-Ki, trad. Rémusat, Paris 1836, note, p. 354, 356. — (7) Cap. Drummond, on the mines and mineral ressources of North. Afghanistan *journal of the asiat. soc. of Bengal*, vol. 10, p. 76. — (8) Elphinstone, *Account of Caubul*, vocab. Pushtoo, p. 666. (9) Anquetil, *Vendidat*, vol. 2, p. 268, fargard, I.

comme des sorciers et le sont encore aujourd'hui même dans beaucoup d'endroits.

Comme les Aryas primitifs connaissaient l'étain, ainsi que je le démontrerai plus loin, les anciens Perses ne pouvaient ignorer l'existence de ce métal, nommé du reste dans leurs livres sacrés. Cependant, on n'est pas bien sûr que le mot *aonya* employé dans l'Avesta ait la signification précise d'étain. M. Spiegel (1) et M. de Harlez (2) en doutent, quoique Justi ait adopté ce sens dans son travail sur l'ancien Bactrien (3).

Inde. — Nous avons vu plus haut que Diodore et Mégasthène avaient mentionné l'étain parmi les productions de l'Inde, il y en a en effet dans le *Mewar*, à *Jawura*. Les mines furent découvertes et exploitées sous le règne de *Lakha-Rana* (4) qui monta sur le trône en 1373. La tradition rapporte cependant qu'elles avaient été exploitées à une date plus reculée, et c'est peut-être de ces mines que provenait l'étain dont parle l'ambassadeur envoyé dans l'Inde au VIe siècle par *Siouen-wou* de la dynastie des Weï (5). Ces mines sont du reste abandonnées et Hardie, qui a récemment parcouru l'Inde centrale, assure qu'il n'y a dans tout le Mewar que des mines de fer, de cuivre et de plomb (6).

A Ceylan, des alluvions stannifères se montrent le long de la base des montagnes orientales vers *Edelgashena*. Le minerai existe à *Saffragam*, sur la ligne qui joint Metura au pic d'Adam. Ces mines ne paraissent pas avoir jamais été exploitées et, suivant le docteur Gygax, elles sont placées de telle manière, par rapport aux eaux de la *Walleway*, qu'on ne pourrait y exécuter aucun travail, avant d'avoir abaissé le niveau ou détourné le cours de cette rivière (7).

Asie orientale. — A mesure que nous avançons vers l'Orient, les mines d'étain deviennent de plus en plus nombreuses. Maçoudi qui écrivait au Xe siècle savait que « les montagnes qui bordent les mers baignant l'Inde et la Chine » produisent de l'étain (8). Les gisements commencent en effet en mer au sud de la grande *Andaman* (9) pour se continuer dans la Birmanie, le Pegou, le Tenasserim, Siam, la Malaisie, la Chine, etc.

O'Riley (10) signale dans son voyage au *Karen-ni* l'oxyde d'étain dans du quartz à *To-la-lu*, dans les montagnes de *Poung-loung* et de *Yomah*, les mines sont très importantes, mais les Yaings qui les exploitent en tirent un fort mauvais parti. Le minerai d'étain existe dans l'*Assam*, dans les montagnes qui forment la frontière entre la Chine et la Birmanie (11). C'est de ce côté que se trouve la ville de *Bannho*, grand entrepôt de commerce entre la Chine et l'Inde

---

(1) SPIEGEL, *Avesta*, Leipzig 1852, note p, 155. — (2) De HARLEZ, l'*Avesta*, fargard, VII, 188, p. 159; fargard VIII, 262, p. 176. — (3) Lettre de M. Spiegel, DE ROUGEMONT, l'*Age du bronze*, p. 36. — (4) TODD, *Annals and antiquit. of Radjasthan*, vol. 1, p. 274. — (5) Descript. de l'Inde, par Ma-touan-lin, *journal asiat.*, 4e série, tome X, p. 101. (6) HARDIE, *Sketch of the géolog. of central India. Asiat. res.*, vol. 17, p. 89. — (7) TEMENT, *Account of Ceylon*, vol. 1, p. 29-32. — CEYLON, *by an officer of the Ceylon rifles London*, 1876, vol. 1, p. 75. — Dr GYGAX dans le Ceyl. *journal of roy. asiat. soc.* 1847. — (8) MAÇOUDI, les *Prairies d'or*, trad. B. de Meynard, vol. 3, p. 50. — (9) COLEBROOKE, *On the Andaman island. asiat. res.*, vol. 4, p. 387. — (10) O'RILEY, *journal of a tour to Karen-ni, journal of the roy. géograp. soc.* vol. 32, p. 208. — (11) HAMAY, note on the gold fields of Assam, *journal of the asiat. soc. of Bengal*, vol. 22, p. 516.

et par laquelle passent de grandes quantités d'étain (1). Dans les hautes vallées du *Salven* et du *Me-kong*, dans le *Laos*, sur le territoire de *Mohang-meng*. à *Baudwengyee*, les habitants exploitent activement les mines d'étain (2).

Le *Tenasserim* est extrêmement riche sous ce rapport, on trouve de l'étain près de *Moetong*. Aux environs de *Mergui*, sur la rive droite de la grande *Tenasserim* se rencontre un grand filon de 1 mètre de puissance dans du granit décomposé (3). On a découvert du minerai à *Henzai* près de *Tavoy* (4) au nord de la rivière *Packshan*, dans l'île *Donel* en cristaux dans du granit, sur les rives de la *Baokpeen*, etc. (5).

Des puits innombrables et les traces du travail d'un nombre immense de mineurs se voient dans les vallées de plusieurs rivières, entre autres la *Thengdaw*, la *Thabawlick* qui se jette dans la *Thariet* à 5 kilomètres au-dessus de sa jonction avec la petite *Tenassérim*, la *Khamoungtang*, l'*Engdaw*, la *Kyeng*, la *Thapyn*, etc. (6).

Les mines sont plus nombreuses à Siam. Au temps de Gervaise, en 1688, une grande partie de la monnaie était en étain et les toitures des palais étaient recouvertes de feuilles de ce métal ; l'ivoire, le salpêtre et l'étain constituaient à cette époque le fonds du commerce d'exportation (7).

L'étain se rencontre à Siam dans les provinces de *Xalang*, *Xaija*, *Xumphon*, *Rapiri* et *Pak-Phrek* (8) Les principales localités où les mines sont exploitées, sont : *Tringanu*, *Kalantan*, *Palani*, *Quedah*, *Ligor*, *Rapri* (9), *Rinowng* (10), *Leuye*, *Phetchabun*, *Lome*, etc. (11).

Chine. — Les Chinois ont toujours fait un grand usage d'étain, métal qui abonde dans ce pays. Depuis l'année 230 jusqu'à l'année 811, la monnaie d'étain y fut tour à tour frappée et supprimée (12) ; l'exploitation des mines y fut même interdite, en 585, par *Wen-ty* (13), cependant, en 810, la Chine produisait encore 2,070,000 *kin* d'étain, bien que ce chiffre paraisse empreint d'exagération.

Les mines se trouvent vers l'Est sur une zone comprenant les provinces de *Chang-tung*, de *Kiang-sou* et de *Kiang-si* (14). D'après le *Chou-king*, l'étain, dans les temps primitifs, venait de la montagne de *Taï*, district de *Tsi-nan-fou*, capitale du *Chang-tong* (15). Suivant le dictionnaire du commerce et de la navigation qui ne cite pas les sources, l'étain se trouve dans les districts de *Hang-*

---

(1) *Journal of the asiat. soc. of Bengal*, vol. 17, p. 134. — (2) *journal of the roy. géograp. soc.* vol. 27, p, 98. Id. vol. 19, p. 34. — Gutzlaff, the Country of free Laos. — (3) Tremenheere, report or the tin of the prov. of Mergui, *journal of the asiat. soc. of Bengal*, vol. 10, p. 849. — (4) *journal of the asiat. soc. of Bengal*, vol. 14, p. 332. (5) *Journal of the asiat. soc. of Bengal*, vol. 9, report on Tenasserim, by Helfer. — (6) Tremenheere, report on the tin of the prov. of Mergui, *journal of the asiat. soc. of Bengal*, vol. 10, p. 845. — (7) Gervaise, *Hist. natur. et polit. du royaume de Siam*, Paris 1688, p. 44. 75, 153, 295. — (8) Pallegoix, *Description du voyage de Siam*, vol. 1, p. 110. — (9) Pallegoix. *Description du voyage de Siam*, vol. 1, p. 23, 20, 99. — (10) *journal of the as. soc. of Bengal*, vol. 9, p. 845. — (11) Mouhot's, note on Cambodia, *Journal of the roy. géograp. soc.*, vol. 32, p. 150. — (12) Biot, essai sur le syst. monétaire des chinois, *Journal asiat.* tome III, p. 445, tome IV, p. 103, 137. — (13) Biot *Journal asiat.*, tome IV, p. 107. — (14) De Rougemont, l'*Age de bronze*, p. 28. — (15) *Panthéon littéraire, le Chou-king* § III, p. 61.

tcheo-fou, province de *Ho-nam* et dans le *Young-ping fou* (Tchi-li). D'après *Pou-wou-tchi*, on l'exploite dans le *Mou-pang* (Yu-nam).

Le *Yu-nam* et la frontière du *Tonkin*, qui nous intéressent particulièrement à cause de leur proximité de notre colonie de Cochinchine, sont, du reste, très riches en étain. Il y en a beaucoup aussi dans la province de *Se-Tchouen*, au Nord du *Yu-nam*. On en trouve, d'après le *Tay-tsing-y-tong-tchy* traduit par *L. Amiot* à *Kouei-tcheou-fou* et à *Lung-ngan* (1). Plusieurs voyageurs (2) pensent cependant que l'étain dont on fait un grand commerce à *Chung-kin*, qui est une ville de 200,000 habitants, provient de la province de *Yu-nam* et ne se rencontre pas sur le territoire avoisinant.

Thibet. — Le *Thibet* doit contenir des mines d'étain, car, bien que je n'aie pu trouver l'indication positive de leur emplacement, beaucoup de témoignages concordent pour le faire admettre. D'après le *Sing-thang-chou* publié dans la première moitié du XIe siècle, le Thibet produit de l'étain en abondance (3). Les tribus Thibétaines *La-tsian-lou* et *Ho-Kheo*, le gué du milieu du *Yalouug-Kiang*, portent de petites plaques d'étain en guise de pendants d'oreilles (4). Les habitants de *Schoung*, dans la partie occidentale du Thibet, vont faire le commerce à *Ladak*, *Garou* et *Roudok*, exportant de l'étain qui est un produit de la plaine (5).

Malaisie. — La Malaisie, c'est-à-dire la presqu'île de Malacca et les îles voisines, constitue une région extrêmement riche en minerais d'étain. Suivant Crawfurd, ces mines abondent du 98e au 107e degré de longitude orientale (Greenwich) et du 8e au 3e degré de latitude Nord (6). Les montagnes où se rencontrent ces mines, dirigées du nord-ouest au sud-est, traversent l'Arracan, le Pegu, le Tenasserim, Malacca et Sumatra pour venir se terminer à Banca et à Billiton. Cette chaîne malaise se compose d'un granit gris très stannifère (7).

Le long de la péninsule de Malacca, l'étain a été rencontré sur un grand nombre de points (8); les principaux sont : *Perak*, *Srimeranti*, entre *Jampole*, *Ulu-Muar*, *Johole* et le *Paro* (9). Toute cette contrée, et principalement le pays de Pérak, semble correspondre à la *Temala* de Ptolemée (10). On ne peut guère douter, du reste, de la signification de ce mot car, en malais, étain se dit *timah*; Temala peut donc se traduire par « le pays de l'étain ». Johole et Jompole font, du reste, un assez grand commerce d'étain (11).

D'autres mines existent à *Plangaye*, *Jellabu*, *Muar* sur la rivière de *Bukit-Raba* (12), à *Sunjie-Ujong*, *Jetaboo*, *Rumbowe* (13), *Quedah*, *Junkceylon*, *Pungah*, *Salangore*, *Calang*, *Kenaman*, *Langkat*, *Calantan*, *Patani* (14). Parmi ces

---

(1) L. Amiot, description du Sse-Tchouen, *Bulletin de la soc. de géog.*, vol. 17, p. 235. — (2) Notes on Yang-tsé-Kiang, *Journal of the asiat. soc. of Bengal*, vol. 30, p. 236. Sarel's, notes on the Yang-tsé-Kiang. Id., vol. 32, p. 14. — (3) *Journal asiat.*, 2e série, vol. 6, p. 166. — (4) *Journalasiat.*, Id., p. 337. — (5) *Journal asiat.*, Id., vol. 1. — (6) Crawfurd, *hist of the Indian archip.* vol. 3, p. 450. — (7) Newbold, *account of Sunije-Ujong, journ. of as. soc. of Bengal*, vol., 4, p. 540. — (8) Somerat, voy. *aux Indes orient.*, Paris, 1782, liv. IV, p. 101. — (9) Newbold, *note on the state of Perak, journ. of the as. soc. of Bengal*, vol. p. 505. — (10) Newbold, *account of Sunjie-Ujong* voy. *sup.*, 25 p. 7. — (11) Newbold, vol. 5, p. 257. — (12) Newbold, vol. 5, p. 509. — (13) *Journ. of the as. soc. of Bengal*, vol. 4, p. 512. — (14) Newbold, *ut sup.* vol. 4 p. 547.

mines celles qui fournissent le plus d'étain sont celles de Pahang, de Tringano et de Kalantan (1).

Un filon d'étain a été trouvé dans la petite colonie anglaise de *Poulo-Pinang*, mais il a été abandonné (2) peu de temps après qu'on eut tenté de l'exploiter. Dans l'autre colonie anglaise des parages de Malacca, à Singapore, on ne signale pas d'étain, mais on y trouve une chaine de collines nommée *Bukit-temah*, en malais : *Bukit*, montagne et *timah*, étain, et une seconde qui porte la dénomination de *Bukit-Kallang*, malais : *Kalang* étain.

Un grand nombre d'historiens, particulièrement les écrivains arabes du moyen âge, placent une mine d'étain dans une île nommée *Kalah* que l'on a identifiée avec Pointe-de-Galle, au sud de Ceylan, mais qui, en réalité, est placée sur la côte occidentale de la presqu'île de Malacca, comme je le démontrerai un peu plus loin.

Sumatra est non moins riche que Malacca, et, quoique cette île n'ait pas encore été complètement explorée, l'étain, « appelé en français *calin* » dit Marsden, constitue un de ses plus importants objets d'exportation. On le trouve à *Palembang* et sur beaucoup d'autres points comme *Petattee*, *Bancoulen* (3), etc. Hamilton raconte qu'en 1710, sous le gouvernement du fils de Badur-uddin (ou Bedr-ed-din), sultan de Palembang, le feu ayant pris par hasard dans un village, on trouva dans les décombres un métal fondu qui fut reconnu pour être de l'étain (4).

Banca a produit une énorme quantité d'étain, ses alluvions qui renferment le minerai à sept ou huit mètres de profondeur, sont placées entre deux chaînes granitiques; plus de trente mille Chinois travaillent à ces mines (5). On dit aussi qu'elles ont été découvertes par suite de l'incendie d'une maison (6) Cette histoire rapprochée de celle racontée plus haut, à l'occasion de la découverte des mines de Palembang, et de quelque autre du même genre, ne peut être qu'une fable. Aucun métallurgiste ne pourrait admettre la possibilité d'un tel fait.

En dehors de Sumatra, de Banca et de quelques petites îles du littoral, l'étain n'existe pas au sud-est plus loin que *Billiton*, où on exploite un gisement assez riche. On en a trouvé à *Bornéo* (7) mais *Java* n'en renferme pas (8).

III. — L'ÉTAIN A L'ÉPOQUE DES PREMIÈRES CIVILISATIONS.

Quoique l'archéologie préhistorique soit une science bien récente, et que beaucoup de ses décisions puissent sembler un peu hasardées, elle a révélé un certain nombre de faits incontestables dont on ne se doutait pas il y a un demi siècle. Personne ne cherche plus aujourd'hui à nier, par exemple, l'extrême antiquité à laquelle remonte l'apparition de l'homme sur la terre, ni l'état misérable de sa condition première, ni le développement incessant de ses facultés.

(1) *Voyage d'Abd-Allah-ben-abd-el-Kader*, trad. Dulaurier, p. 22, 44, 90. — (2) WARD, *asiat. res.*, vol. 18, p. 154. — (3) MARSDEN, *hist. of Sumatra*, p. 22. — (4) HAMILTON, *new account of the East-Indies*, vol. 2, p. 120. — (5) CRAWFURD, *hist. Indian archip.* vol. 3, p. 452. — (6) MARSDEN, *Sumatra*, p. 173. — (7) *Journ. of the roy. géog. soc.*, vol. 24, p. 72. — (8) RAFFLES, *hist. of Java*, vol. 1.

On est convenu de donner le nom d'âge de la pierre à la période de temps, la plus reculée de toutes, pendant laquelle les premiers hommes se servaient exclusivement d'outils et d'armes de silex ou d'autre matière analogue. Cette dénomination n'a de valeur absolue que pour un pays déterminé, car les contrées voisines pouvaient avoir, à la même époque, une civilisation relativement fort avancée. Dans les contrées où se trouvaient des mines nombreuses et de riches alluvions aurifères, l'âge de pierre a dû se confondre de bonne heure avec un âge des métaux qui nous offre trois phases bien distinctes :

1° La récolte des métaux natifs ;

2° L'invention du feu. Son application à la fusion et au moulage ;

3° La réduction des oxydes et des sulfures, c'est-à-dire la période métallurgique proprement dite.

Que ce soit sur le sommet des affleurements, vierges encore, des filons d'argent ou de cuivre, ou parmi les sables des torrents et des plaines alluviales riches en pépites et en paillettes, les premiers hommes ont facilement trouvé, sous leurs pas, des métaux natifs immédiatement utilisables. Le cuivre surtout, très-abondant à la surface de certains filons, a pu servir d'armes et d'outils dès les premiers temps Il en est de même de l'argent qui s'est certainement rencontré autrefois, dans certains pays, en masses notables. Nous savons positivement, du reste, que les indigènes de l'Amérique du Nord ont utilisé de cette manière le cuivre natif du lac Supérieur. La même remarque s'applique au fer natif, qu'il provînt des aérolites tombés des espaces célestes, ou qu'il fût sorti de l'intérieur de la terre comme les blocs trouvés au Groënland. On a même cherché, dans cette circonstance, l'explication du mot grec σίδηρος, fer, conjecturant que les anciens avaient ainsi désigné ce métal parce qu'ils connaissaient l'origine *sidérale* de certaines masses de fer ; mais je ferai voir plus loin que cette opinion ne peut être soutenue, l'étymologie de ce mot révèle seulement une acception métallique d'une racine impliquant l'idée de lumière.

La découverte du feu a dû avoir lieu longtemps après le commencement de cette première période. Elle suppose une intelligence, un développement des facultés et une somme de connaissances acquises qui ne permettent pas de la placer à l'origine même de l'humanité. Nous savons d'ailleurs qu'à une époque pleinement historique, certaines peuplades ignoraient encore l'usage du feu (1).

On attribue cependant soit à l'*anthropopithecus bourgeoisii*, suivant M. de Mortillet, soit au *dryopithecus*, d'après M. Gaudry, la taille à l'aide du feu des silex brulés trouvés à Thenay (Loir-et-Cher). L'explication peut paraître séduisante, mais je ne puis y souscrire ; il me paraît impossible d'admettre que la première manifestation des facultés intellectuelles du singe ou de l'homme ait été précisément la découverte du feu. La conjecture qu'a suggérée l'étude des conditions et de l'état de ces silex, est de celles qui satisfont le besoin d'expliquer, plutôt que le désir de savoir.

La fusion et le moulage des métaux natifs, or, argent, cuivre pur, ont suivi,

(1) *Diod. sicul.*, liv. V. — *Pausanias*, liv. II, ch. XXIX. — *Lucrèce*, VI, vers 953. — *Vitruve*, liv. II, ch. I. — *Pline*, liv. VI, XXXV. — *Le Gobien, hist. des îles Mariannes*, p. 44.

peut-être de près, la découverte du feu dans les contrées métallifères, et l'âge du cuivre rouge, dont on retrouve de nombreuses traces, n'implique pas nécessairement la connaissance des secrets de la métallurgie.

Les moyens de transformer en métaux les oxydes, les carbonates et les sulfures, ont été sans doute la conséquence de la pratique de la fusion et du moulage. C'est probablement en essayant d'agglomérer par le feu, des fragments de cuivre natif mêlés à des oxydes rouges, ou a des carbonates, malachites ou azurites, que les phénomènes de réduction ont été remarqués et utilisés. Dès lors la métallurgie du cuivre était créée. L'analogie entre les minerais de cuivre et ceux d'argent, de plomb, c'est-à-dire leur position dans les filons, leur densité, leur éclat, ont naturellement amené les anciens métallurgistes à trouver le moyen d'en tirer les métaux qu'ils renferment, en les traitant comme les premiers.

Le minerai d'étain, quoique fort pesant, n'a pas d'éclat métallique et, rencontré sans doute pour la première fois dans des alluvions aurifères, il dût être rejeté longtemps avant que l'idée vint de chercher à l'utiliser. Les grains d'étain natif qui s'y trouvent souvent mêlés, comme dans les *placers* de la *Sibérie* (1), de la *Guyane* (2), etc., n'ont pu manquer d'attirer d'abord l'attention. De plus, l'oxyde d'étain est d'une réduction si facile, le métal se fond à une si basse température, qu'il a suffi aux mineurs qui fondaient l'or recueilli par le lavage et mélangé d'oxyde d'étain, de la moindre circonstance fortuite, pour s'apercevoir que ces cailloux noirs, mêlés au charbon et chauffés au rouge clair, se transformaient en un métal semblable à l'argent.

L'éclat de l'étain, son inaltérabilité relative à l'air, et jusqu'à ce *cri* particulier si étrange, ont certainement frappé les anciens beaucoup plus que nous. Surtout le *cri*, puisque l'étymologie de presque tous les noms de l'étain nous le révèle aujourd'hui. A une époque où l'argent était certainement fort rare, l'éclat de l'étain a conduit à faire de ce métal des objets de parure, avant que la découverte de plus précieuses propriétés eut amené les anciens métallurgistes à s'en servir pour durcir le cuivre, et le rendre applicable à d'innombrables usages.

Aux âges préhistoriques, à l'époque même où le tour à potier n'était pas connu, on en ornait des poteries comme on le voit sur le vase d'une station de l'âge du bronze, à *Cortaillod* (3). Un Tumulus du Jutland a donné un vase de bois orné de clous d'étain (4). Dans l'épopée finnoise, le *Kalewala*, *Illmarinen*, le forgeron éternel, donne à une jeune fille une fibule d'étain (5); Les Lapons portent encore des ceintures garnies d'étain, et des perles du même métal garnissent les lanières de cuir auxquelles ils suspendent différents objets (6). Hésiode indique l'emploi de l'étain comme ornement sur le bouclier d'Hercule (7) Homère sur celui d'Achille (8), Vulcain en fait des cnémides (9) Dans les

(1) *Journ. de chimie prat.*, XXXIII. p. 300. — *Ann. des mines*, 1843, p. 660. — (2) *Comptes rendus de l'acad. des sc.*, vol. 52, p. 1861. — (3) *Revue archéol.*, 2e série, t. XIX, p. 444. — (4) MORLOT, *mét. de l'âge de bronze.* — (5) LEOUZON LE DUC, *La Finlande*, *Kalewala*, vol. 2, p. 13, vol. 17. — (6) ACERBI, *voy. au cap Nord*, vol. 2, p. 45. — (7) HÉSIODE, *bouclier d'Hercule*, vers 204. — (8) HOMÈRE, *Il.*, ch. XVIII, v. 565-574. — (9) HOMÈRE, ch. XVIII, v. 613.

îles électrides, sur le golfe Adriatique, se trouvait une statue d'étain (1) Denys de Syracuse en fit frapper de la monnaie (2), Platon en constitue le mur central de l'acropole de l'Atlantide (3). D'une manière générale, on ne peut pas dire que l'âge du cuivre a précédé l'âge du bronze, car, dans les pays dépourvus de mines, il est probable que cette période, où l'on n'employait que des instruments de cuivre rouge, n'a pas existé, au moins avec quelque importance : le commerce seul aurait pu la faire naître. Dans les districts métallifères l'âge du cuivre a, au contraire, existé avant celui du bronze, et les traditions l'affirment ainsi que l'archéologie (4).

Il est difficile de savoir comment ont été découvertes les propriétés du bronze, on ne peut, sur ce sujet, hasarder que quelques conjectures. Certains sulfures doubles d'étain et de cuivre (Stannite) donnent, il est vrai, étant réduits, un bronze naturel, mais, dans l'impossibilité où ils se trouvaient de déterminer sa composition par l'analyse, les anciens métallurgistes n'auraient pu en conclure la manière de le reconstituer synthétiquement. Le voisinage et même le mélange des minerais de cuivre et d'étain dans certains filons, comme en Cornwall, ont pu conduire à des résultats plus faciles à interpréter.

Le meilleur alliage de cuivre et d'étain est celui qui renferme 90 parties de cuivre pour 10 parties d'étain, mais ces proportions peuvent être assez variables sans altérer notablement les propriétés du bronze; on peut aller depuis 8 parties d'étain pour 82 de cuivre, jusqu'à 12 parties d'étain pour 88 de cuivre. On a, je crois, un peu exagéré l'importance de ce fait que la composition des haches de bronze, trouvées à de grandes distances les unes des autres, est à peu près constante. Sans vouloir en nier les conséquences qu'on en a tirées, je ferai remarquer que tout fondeur, ayant à sa disposition les éléments de l'alliage dont il s'agit, a dû être conduit par ses tâtonnements à se rapprocher de la composition du bronze à un dixième d'étain qui est le meilleur. D'ailleurs, il y a de très nombreux et de très-importants écarts dans les analyses qui ont été publiées, et d'un autre côté, le phénomène de la liquation, dû à la différence de densité et au peu d'affinité l'un pour l'autre des métaux constitutifs du bronze, ne permet pas d'arriver à un dosage exact.

Le bronze est meilleur, plus dur, plus facile à fondre et à mouler que le cuivre, mais tous deux peuvent acquérir une très grande résistance par ce qu'on a très improprement appelé la trempe.

Proclus la mentionne (5) Pausanias dit que l'airain de Corinthe est plongé dans l'eau de la fontaine Pirène quand il est brûlant (6), Eustathe cite la trempe comme autrefois employée pour la fabrication des armes, etc. (7).

Il faut remarquer que la trempe du cuivre et de ses alliages est tout à fait le contraire de celle de l'acier : quand on plonge dans l'eau froide de l'acier chauffé au rouge, le métal brusquement refroidi acquiert une extrême dureté,

(1) *De Mir. ausc.*, p. 116, édit. Beckmann. — (2) ARISTOTE, *œcon.*, liv. II, ch. II. — *Pollux*, liv. IX, p. 79. — (3) PLATON. Critias. — Didot, p. 257, vol. 2. — (4) GOGUET, *orig. des lois*, t. I, p. 171. — *Mauduit, déc. dans la Troade*, p. 90. — *Ann. des mines* 1827, p. 281. — *Homère*, I liv. ch. IX, v. 365, etc. — (5) ROSSIGNOL, les *Métaux dans l'antiquité*, p. 215. — (6) *Pausanias II*, 3, 3. — (7) EUSTATHE, ad. Il., chap. IV, v. 336.

tandis que quand on immerge dans la même eau du cuivre brûlant, il devient beaucoup plus flexible et beaucoup plus mou. Il prend alors facilement toutes les formes voulues, le marteau le repousse aisément, le courbe et l'aplatit à volonté, de sorte qu'on peut au besoin rectifier les formes données par la fusion; mais au fur et à mesure que le battage rapproche les molécules, le métal s'écrouit, sa dureté et son élasticité augmentent. C'est ainsi, qu'autrefois les ressorts des catapultes formés de cuivre rouge, χαλκου... ερυθρου, allié avec 3 % d'étain, étaient battus au marteau afin d'acquérir la rigidité nécessaire (1).

Du bronze trempé pour être amolli, puis battu, écroui au marteau à petits coups et avec beaucoup de soins, peut donner des tranchants d'une résistance remarquable. Mais, en plaçant des outils de bronze, des burins, par exemple, au milieu d'un creuset plein de poussier de coke, ou même seulement d'une matière inerte comme le sable, en les chauffant au rouge dans un fourneau à mouffle, puis en laissant refroidir lentement le tout ensemble, on obtient un métal aussi dur que peut le comporter la nature de l'alliage employé, et capable de rendre des services réels.

Malgré les critiques de M. Rossignol, (2) l'explication de Mongez (3) relativement à la trempe du bronze, conforme à la précédente qui est basée sur mon expérience personnelle, me paraît en tous points correcte, sauf en ce qui concerne le soin du secret qu'il attribue, je ne sais pourquoi, aux ouvriers d'autrefois.

La trempe de l'airain dont parlent les anciens, n'avait donc pour but que d'amollir le métal pour le rendre plus facile à travailler, mais elle ne pouvait en aucune façon le durcir. Il n'y a là ni secret perdu, ni procédé mystérieux : telle qu'on l'entend pour l'acier, la trempe du bronze serait un non-sens.

Il faut remarquer aussi que nous n'avons, en ce qui concerne l'antiquité, aucun témoignage technique; il ne nous reste que celui transmis par des personnes absolument étrangères à la pratique des procédés industriels. Les auteurs anciens, familiarisés avec la trempe de l'acier, puisque tous vivaient à une époque où ce métal était universellement connu et employé, n'ont vu dans la trempe du bronze que l'opération préparatoire, le reste leur a échappé.

IV. — L'ÉTAIN EN EGYPTE ET DANS L'ASIE OCCIDENTALE.

L'histoire proprement dite ne connaît que par de confuses traditions, une époque antérieure à celle de l'établissement des Egyptiens sur le sol du Delta du Nil. Ils atteignirent cette région, après avoir traversé l'Isthme de Suez, venant sans doute de la partie septentrionale du golfe Persique, de l'Asie centrale, autant qu'on peut le conjecturer par l'étude des analogies et des traditions, obéissant ainsi à cette grande loi d'irradiation des races humaines que j'ai formulée plus haut.

---

(1) *Chirobaliste d'Héron*, V Prou. Not. et ext. des man., tome XXVI, p. 99. — (2) Rossignol, les *Métaux dans l'antiquité*, p. 242. — (3) *Mém. de l'Acad. des inscript.* vol. 8, p. 368.

Il y a beaucoup de raisons de penser qu'ils trouvèrent, à gauche de leur route, la presqu'île Sinaïtique occupée et ses mines exploitées par des populations kouschites ou touraniennes, ou appartenant à quelque autre race antérieure. Ils arrivèrent sur les bords du Nil, ayant la connaissance des métaux usuels et y subjuguèrent une population noire, douée d'une civilisation peu avancée, et ne possédant que des armes de pierre.

Aussi loin que nous pouvons remonter dans leur histoire, c'est-à-dire dans les environs du XLe siècle avant J.-C., nous les trouvons en pleine civilisation, et, quoique le fer leur fut certainement connu, habitués à se servir d'une manière courante, d'armes et d'instruments de bronze. Pour qu'ils pussent, à l'aide du cuivre qu'ils tiraient du Sinaï, de la Nubie, ou de quelques autres lieux, fabriquer leurs outils, leurs haches et leurs flèches de bronze, il leur fallait faire venir l'étain de bien loin, car nul gisement accessible n'existait alors, en dehors de ceux du Caucase et de l'Indou-kousch.

On ne connaît pas avec certitude le nom que portait l'étain dans l'ancienne langue Egyptienne ; ni les textes hiéroghyphiques gravés sur les monuments, ni les papyrus trouvés dans les sépultures ne nous l'ont révélé. Cependant, parmi les noms douteux qui semblent se rapporter aux métaux et aux substances minérales, il en est un, le *kesbet*, *khesbet* ou *xsbt* auquel les égyptologues ont donné, d'abord la signification d'étain, puis celle de lapis-lazuli.

Si l'on considère l'éloignement où se trouvait l'Egypte de toute mine d'étain, et le peu d'occasion que le peuple pouvait avoir de s'occuper de ce métal, il est permis de penser que le mot servant à le désigner n'était pas un mot appartenant à la langue nationale, ou dérivé d'une racine de cette langue. C'est une règle constante, dans le langage technique, que, quand un peuple ne rencontre pas un métal sur le territoire qu'il possède, on ne trouve pas non plus son nom dans la langue qu'il parle. Dès lors, s'il désigne l'étain, le mot *kesbet* est exotique et doit, dans une certaine langue étrangère, avoir la signification d'étain, ou rappeler son origine de quelque manière. Or, kesbet répond aux mots *kaspa*, *kéceph*, des langues sémitiques, qui désignent l'argent avec un suffixe qui peut en faire un diminutif. Comparé à l'argent, l'étain est pour l'éclat et la couleur ce qu'est par exemple le platine par rapport au même métal, il est rationnel de penser que les anciens Égyptiens ont fait *kesbet* de *kaspa* comme les Espagnols ont fait *platina* de *plata*.

D'un autre côté, dans les nombreuses listes de tributs gravées sur les palais de Thèbes, le mot *kesbet* arrive, entre l'argent ou l'or et le cuivre, à la place que lui aurait désigné sa valeur, si on lui avait donné une acception métallique. Enfin le kesbet vient du Caucase, du mont *Caspien*, de l'Ibérie caucasique, où trône encore aujourd'hui le mont sacré, le *Kasbek*, au centre même de la chaîne, dans le pays des *Caspiens*. Il y a donc toutes sortes de raisons d'admettre que ce mot désigne bien l'étain; mais, par malheur, kesbet semble aussi bien se rapporter au *lapis-lazuli*, le *saphir* antique analogue au *jaspe* ou *iaspe* Caspien, provenant du même pays, du pays des Saspires ou Caspires, des régions caucasiques, des environs du *Kasbek*, des montagnes d'argent, des monts de neige. Nous avons des textes dans lesquels cette signification ne peut être raisonnablement contestée, et le kesbet y est mentionné souvent en s petite quantité, qu'on ne peut guère le regarder comme un métal.

Cependant il faut dire que, quand il s'agit de l'étain, comme 8 ou 10 kilogrammes de ce métal correspondent à 100 kilogrammes de bronze qui est en définitive le produit utile, celui qu'on a en vue, la valeur réelle de l'étain, dans les listes de tribus, doit être multipliée par 10 ou 12. En somme, les Egyptiens qui guerroyaient, surtout dans la haute antiquité, contre des peuples beaucoup moins riches, moins puissants et moins avancés qu'eux, ne pouvaient les dépouiller que de ce qu'ils avaient, et, en fait de trophées, on doit considérer la privation que subit le vaincu plus que le profit retiré par le vainqueur.

Comme dernière considération, il faut remarquer que, par la guerre ou par le commerce, les Egyptiens demandaient partout du kesbet, et il est peu probable qu'une passion désordonnée pour cette pierre bleue ait à ce point dominé les fils de Misraïm, qu'ils en aient réclamé à tous les peuples, et qu'en même temps cette avidité pour le kesbet ait saisi toutes les nations voisines de l'Egypte, au point que les guerriers des bords du Nil en aient pu trouver partout. L'étain, au contraire était un produit d'une importance capitale et d'une absolue nécessité. Encore, on distinguait le kesbet vrai, et le faux kesbet, et tous deux figurent dans les listes qui nous sont parvenus, comme si, de nos jours, en énumérant le butin pris sur l'ennemi, on comptait : *diamants*, tant de karats, *strass* tant de grammes.

Ces réflexions m'amènent à considérer les choses de plus près et à entrer dans quelques détails relativement au lapis-lazuli, aux pays où on le rencontrait, ainsi qu'aux peuples qui en trafiquaient.

Le lapis-lazuli. — Le *lapis-lazuli*, la *lazulite*, l'*outremer*, ou plus ordinairement le *lapis* est une pierre bleue, légèrement marbrée de blanc et souvent parsemée de points brillants dûs à des grains de pyrite ou sulfure de fer. Sa pesanteur spécifique varie de 2,3 à 2,40 ; c'est un silicate d'alumine contenant un peu de soude, de chaux et de fer (1). On est d'accord pour l'identifier avec le *saphir* des anciens (2), notre saphir actuel étant l'*Hyacinthe* ou quelque autre pierre transparente (3). Plusieurs auteurs le mentionnent avec sa couleur bleue, et indiquent cette circonstance particulière des points dorés qui ornent souvent sa surface, tels sont Théophraste (4) et Pline (5).

Le lapis était en grand honneur dans l'Inde ancienne, et il est souvent cité dans le *Mahabharata* (6) et dans le *Ramayana*, il semble même résulter du texte de ce dernier ouvrage, qu'on le recevait par la mer (7). Dans le *Bhagavata Purana*, les colonnes du palais d'Indra sont en lapis (8).

On lui a attribué les propriétés les plus extraordinaires : suivant Albert-le-

---

(1) STEETER *Precious stones and gems*, London 1867, p. 205. — (2) BECKMANN, *Gesch. der. Erfind. III*, p. 182. — HEEREN., *Pol. et com. des peuples* vol. 1, p. 105. — BRAUN, de *Vestitu sacerd.*, vol. 2, p. 530. — *Dion. orl. desc. géog. min.*, Didot, vol. 2, p. 172, v. 1105. — (3) WESTROPP, *Man. of precious stones*, p. 79. Id. p. 63. — (4) THÉOPHRASTE, de *Lapis*, Didot, p. 341, 3. — (5) PLINE, liv. XXXVII, XXXVII, 1. — (6) MAHABHARATA, *Fauche*, vol. 3, p. 425, cl. 8354. *Fauche*, vol. 7, p. 2. — (7) RAMAYANA, *Fauche*, vol. 4 p. 245. vol. 7, p, 65. — (8) *Baghavat. Pur.*, tr. Burnouf, vol. 3, p. 19.

Grand, il dissipe la mélancolie (1), il le nomme *zamech*, probablement de l'arabe *jamsat* qui veut dire *feu*, à cause des points dorés de sa surface, sans doute; du reste *jamsat* désigne en arabe une pierre bleue servant à empêcher les empoisonnements et à donner des songes agréables (2). Il servait aussi à purger (3). D'après Ellien, l'image en lapis que les prêtres égyptiens portaient au cou, était regardée comme l'emblème de la vérité (4).

Pour les anciens mineurs, c'était, dit M. d'Eckstein, la lumière qui illuminait le monde souterrain (5), on le regardait sans doute comme une image du firmament, et Apollonius de Tyane nous dit en effet qu'à Babylone se trouvait une salle dont le dôme était en lapis, « pierre, ajoute-t-il, qui par sa couleur bleue imite celle du ciel » (6). C'était peut-être là le « bon kesbet de Babel » des inscriptions égyptiennes.

Les anciens n'ignoraient pas qu'on imitait le lapis en Egypte, car Pline raconte que le *cyanos*, qui est une autre pierre bleue, s'imitait très bien avec du verre coloré ; « cette invention, dit-il, due à un roi d'Egypte, a été, à sa gloire, consignée dans les livres » (7). Je n'ai trouvé nulle part la composition de ces imitations égyptiennes du lapis, mais Vauquelin a analysé une couleur bleue trouvée dans un tombeau, et qui figurait dans la collection Passalacqua ; elle contenait silice, 78 ; chaux, 9 ; oxyde de cuivre, 15 ; soude, potasse et oxyde de fer, 5 (8).

Si l'on en croit les historiens et les voyageurs, les mines de lapis sont très nombreuses, mais beaucoup d'entre eux ont confondu cette pierre avec l'*azurite* ou pierre d'*Arménie*, qui n'est autre chose qu'un carbonate de cuivre bleu, beaucoup moins dur, et d'une couleur beaucoup moins agréable que le véritable lapis. C'est là la pierre que Tavernier (9) trouvait dans les mines de cuivre de la Perse, et dont parle Chardin (10).

Le major Welford a rencontré du lapis non loin des rives de l'*Indus*, un peu avant sa réunion avec la rivière de Caboul (11), c'est peut-être ce lapis qu'on exportait dans l'antiquité par *Minnegas*, vers les bouches de l'Indus (12). Le lapis se trouve aussi au nord de Caboul dans les montages, de *Ghurbent* où sont aussi des mines d'argent (13). Eustathe en place dans l'*Ariana* (14), Elphinstone sur les bords de la rivière de *Kashga*, entre *Chitraul* et le pays des *Yousoufsis* (15), ce qui est confirmé par Hayward (16). Fraser (17) et Ibn-Huokul (18) prétendent que le *Khorasan* en renferme, mais Ibn-Batoutah (19) et Edrisi (20) s'accordent pour dire que le lapis du *Khorasan* vient du *Badakchan*.

(1) *Raim. Lull* 1542. — *Alb. mag. de rebus metal.*, p. 207. — (2) JOHNSTON, *Dictionn. ar. pers.* — (3) *Journ. asiat.*, 6e série, vol. 6. p. 426, *Alkalyóuby*, trad. Sanguinetti. — (4) ÆLIAN, *Var. hist.*, Didot p. 422, liv. XIV, chap. XXXIV. — (5) D'ECKSTEIN, *Athen. français* 1854, p. 775. — (6) *Vie d'Apollon de Tyan.*, trad. Chassang, p. 33. — (7) PLINE, XXXVIII, XXXVIII, 1. — (8) *Annales des mines* 1827, p. 281. — (9) TAVERNIER, *Voyages*, vol. 1, p. 157. — (10) CHARDIN, *Voy. en Perse*, vol. 2, p. 24. — (11) IRWIN, *Mem. on Afghanistan. Journ. of the asiat. soc. of Bengal*, vol. 8, p. 880. — (12) *Périple de la mer Erythrée*, géog. gr. Didot, vol. 1, p. 287. — (13) *Mem. of Baber*, p. 146. — (14) EUSTATHE, *Com. Den. orb. desc.*, Didot, vol. 2, p. 399. — (15) EL-PHINST., *Account of Caubul*, p. 144. — (16) HAYVARD, *Journ. from Leh to Yarkand. Journ. of roy. géogr. soc.*, vol. 40. — (17) FRASER, *Khorasan*, p. 105. — (18) IBN-HUOKUL, *Account of Khorasan, journ. of the asiat. soc. of Bengal*, p. 165, vol. 22. — (19) IBN-BATOUTAH, trad. Defrémery, vol. 3, p. 59. — (20) EDRISI, *Géog. tr. Jaubert*, vol. 2, p. 339.

C'est là, en effet, que sont les véritables mines de lapis, « encor y a en ceste même contrée, dit Marco-Polo, une autre montaigne où se treuve l'azur en vaine si come l'argent » (1). Edrisi en place le gisement sur la rive occidentale du *Kharial*, le plus grand affluent du *Djihoun* (2), Wood dans la vallée de la *Kokcha* (3). Suivant le pandit Manphul (4), la mine de *Kuran*, dans le Badakchan, en produit par an 500 à 700 kilogrammes, et il estime la valeur des plus beaux morceaux de 120 à 140 roupies le poids de 36 livres anglaises.

Le lapis se rencontre aussi au *Thibet* (5), on en place les mines dans le *Hloroun-Dzong*, à *Ghiamdha* (Kongbo), dans le *Izang* ultérieur (6) et sur les bords du lac *Maphan-Dalaï* ou *Manassarovar* (7). Marco-Polo en place aussi en Chine dans la province de *Tanduc*, sur la frontière de la Chine et de la Mongolie, district de *Ta-toung*, au nord de la grande Muraille (8).

Celle des mines actuelles qui produit les plus beaux échantillons, se trouve dans les granits des environs du lac *Baïkal* en Sibérie où elle est constituée par un filon contenant en outre, des grenats, du feldspath, du talc et des pyrites de fer (9). Steeter dit que ce filon se trouve sur la rive du *Shudank* qui tombe dans le Baïkal (10).

Maintenant je ne sais trop s'il faut croire à la présence du lapis sur les bords du *Soucan* (Oural ?) comme le dit Edrisi (11), dans l'île de *Saphirina* signalée par Pline et Etienne de Byzance dans le golfe Arabique (12) et dans le royaume de *Pégu* comme l'affirme Boëce (13).

La mention du lapis non loin du Nil présente plus d'intérêt à cause des rapports avec l'Egypte ancienne. Aboul-Féda en place une mine sur la montagne de *Djalous*, une des chaines qui bordent les oasis à l'ouest des monts de Libye (14), et cette assertion doit être repprochée de celle d'un autre auteur arabe d'après lequel la montagne de *Ghaçan*, qui traverse l'oasis, renferme des mines de lapis : « On exploite, dit-il, ces pierres pour les porter en Egypte (15).

Peut-être est-ce là que ces *Wassa*, qui, depuis Thoutmès III jusqu'aux Ptolémée trafiquaient en métaux et en lapis, venaient puiser les objets de leur commerce. M. Buchère les a identifiés avec les *Agâos* ou *Aouaouas* qui, chassés du *Dar-Sukkot*, se sont réfugiés à l'ouest de l'Abyssinie (16).

Le *Jaspe* est souvent mentionné dans la *Bible* (17), presque toujours en même temps que le saphir (lapis) (18), il y est écrit *iaschpéh* et, d'après Abarbalenus, cité par Braun (19), il portait aussi le nom de *gaschpi*. Du reste en hébreu le

---

(1) Marco-Polo, éd. Pauthier, p. 120. — (2) Edrisi, *Géog.*, p. 478, vol. 1. — (3) Wood. *Journ. to the source of the Oxus*, p. 255. — (4) Pandit Manphul, le *Badakshan*, *journ. of the roy. géog. soc.*, vol. 42, p. 144. — (5) Wilson, *The abode of snow*, 1871, p. 186. (6) Wei-tsang-thou-chy, *Desc. du Thibet*, tr. Hyacinthe et Klaproth, *Journ. asiat.*, vol.3, 2e série, p. 300. — Tibet et Sefan, Gutzlaff, *Journ. of roy. géogr. soc.*, vol. 20, p. 202. (7) Dubeux et Valmont, *Tartarie*, p. 260. — (8) Marco-Polo, éd. Pauthier, p. 212. (9) Landrin, *Dictionn. minéral. de art.*, *Lapis*. — (10) Steeter, *Precious stones and gems*. (11) Edrisi, trad. Jaubert, vol. 2, p. 407. — (12) Pline, liv. VII, chap. xxix. — Stéph. de Byzance, v. σαπφιρινη. — (13) Boetius, liv. II, xlii. — (14) Aboul-Féda, trad. Reinaud, vol. 2, p. 86. — (15) Mohammed-ben-Ahmed-ben-Ayas, l'*Odeur des fleurs* (Mecheq-el-Azhar), *Not. et extraits des man.*, p. 18. — (16) *Zeischrift für Agypt. Spr.* 1869, p. 114. (17) Exod. xxviii, 18, xxxix, 2. — Ezéchiel, xxviii, 13. — (18) Exod. xxiv, 10. — Job, xxviii, 6. 16. — Isaie, liv, 11, etc. — (19) Braun, de *Vestitu sacerd. heb.*, vol. 2, p. 741.

yod permute facilement avec le *caph* ex, *iaschar* et *kaschar*, être bon, de sorte que *iaschpéh* était sans doute écrit ainsi pour *kaschpéh* ou *kaspéh*, ce qui nous ramène vers les régions caspiennes, où Pline cite le jaspe caspien qui était bleu (1). Abraham-ben-David indique dix variétés de jaspe, et il écrit la dernière *hiasps* (2). Saint Gérôme dit qu'on le trouve dans l'Ibérie et l'Hyrcanie (3), Théophraste le fait venir de Chypre (4), Ctésias de la Bactriane, Denis le périégète de la mer Caspienne (5), Eustathe mentionne sur les rives du Thermodonte (6) le jaspe limpide ou aérien, c'est un jaspe bleu que Pline nomme *aérizuse* (7), sans doute la Chalcédoine bleuâtre (8).

La pierre qu'on nomme *yasch* (9) à Samarcande et dans le Badakchan, me semble être plutôt le *jade*, la pierre de *yu* des Chinois, car la géographie persane intitulée Heft-Iklim (les sept climats) (10) mentionne la pierre *ieschem* comme provenant de la rivière de Khotan, et c'est justement de là que les chinois tirent leur *yu* ou jade, auquel il donnent le nom de *yu-sché* tandis qu'ils nomment le jaspe bleu, ou le lapis, *Thsing-kin-chi* (11).

On voit donc, en somme, que le jaspe comme le lapis venaient des contrées caspiennes, ou de celles qui les avoisinent. Ces gemmes étaient procurées à beaucoup d'autres peuples par les *saspires*, mineurs et métallurgistes de l'Ibérie caucasique. Le scholiaste d'Apollonius de Rhodes dit que les *sapires* ont été ainsi nommés parce que parmi eux naît la pierre *sapirites* (12) et M. d'Eckstein a montré ces sapires établis sur la grande route commerciale qui reliait la Médie à la Colchide, en possession du trafic des métaux et de celui du lapis (13).

Un autre nom du jaspe bleu indique aussi une origine caucasique, ou tout au moins nous conduit à placer dans ces régions sa provenance commerciale. Pline nous dit qu'on le nomme *Borée* (14), et nous savons d'un autre côté, par le pseudo-Plutarque, que le Caucase était aussi désigné sous le nom de demeure de *Borée* (15).

Ainsi les noms du jaspe et du lapis sont liés à celui des Saspires ; il est donc nécessaire d'étudier ce peuple et de déterminer le plus exactement possible la position qu'il occupait.

« De la Colchide à la Médie, dit Hérodote (16), la distance est courte, car entre « ces deux contrées, il ne se trouve qu'une nation, les *Saspires*, en sortant « de chez ceux-ci, on est chez les Mèdes ». Ainsi, au temps d'Hérodote, les Saspires occupaient tout le pays situé entre la Colchide et le bord méridional de la mer Caspienne. Encore, d'après Etienne de Byzance, une ville du nom de *Caspirus* existait-elle dans la Parthie, sur la frontière de l'Inde (17). Une autre

---

(1) Pline XXXVII, xxxvii, 1, 2. — (2) Abraham-ben-David, *Dissert. de vestitu sacerd.* — Ugolin, *Thes. ant. sac.*, vol. 13, chap. iii, col. 51. — (3) Saint-Gérôme *en Isaïem*, vol. 8, col. 398. — (4) Théophraste, de *Lapid.* Didot, p. 345. — (5) Dion. *orb. desc.*, Didot, vol. 2, p. 148. — (6) Eustathe, *Com. Dion.*, per Didot, vol. 2, p. 353. — (7) Pline, XXXVII, xxxvii, 1, 2. — (8) Westropp, *A manual of precious stones* 1874, p. 106. — (9) Veniukoff, *On the Belor*, *Journ. of the roy. géog. soc.*, vol. 36, p. 270. — (10) *Notices et extraits des manusc.*, vol. 14, p. 472. — (11) De Rémusat, *Hist. de Khotan*, p. 168. — (12) Steph. Byz., V. σαπειρες. (13) d'Eckstein. *Athen. français* 1854, p. 775 — (14) Pline, l. XXXVII, xxxvii, 1 et 2. — (15) Pseudo-Plut, Didot de *fluv. Phas.*, p. 84. — (16) Hérodote, I, 104, iv, 38. — (17) Steph. Byz., V. κάσπειρος, Caspia de, Marcien *géog. min.* Didot, vol. 1, p. 576.

ville nommée *Kasiphia* dans Esdras (1) semble avoir été située non loin de la Caspienne.

La demeure propre des Caspiens était la vallée du *Kour* ou *Cyrus* non loin de la province actuelle de Géorgie (2). Eux-mêmes étaient les *Ibères* des temps plus rapprochés de nous (3); ils s'appelaient du reste aussi *Sabires* (4), et le bassin du Tchorokh qu'ils occupaient porte encore en géorgien le nom de *Sber* et se nomme en turc *Ispir* (5). Les Arméniens appellent les Géorgiens *Virk*, ce qui correspond au mot *Iberi*, avec une terminaison gutturale, et les Persans les nomment *Gurgy* pour *Kurgy*, c'est-à-dire les habitants de la vallée du *Kur* ou *Cyrus*. Telle est l'étymologie du mot géorgien.

Les Saspires prennent le nom de 'Εσπεριτοι (6) et dans Strabon celui de Υσπιρατιδι qui correspond à l'arménien et au turc *Ispir* (7). En remplaçant dans ces leçons l'aspiration par une gutturale, nous retrouvons les *Kespérites* ou les *Kispiratides*, c'est-à-dire les Caspiens, dont le territoire comprenait l'Ibérie, l'Albanie, et duquel dépendait le *Caspianie*, suivant Strabon (8). Les Mardes venaient après les Sapires, au bord de la mer, puis les *Tapyres* et enfin les Hyrcaniens nommés aussi Caspiens (9). Les *Tapyres* ou *Apyres* (10) sont signalés par tous les historiens au sud de la Caspienne (11) et leur nom semble être une simple altération de celui des Saspires.

Il n'est pas douteux d'ailleurs que le nom de la mer Caspienne ne vienne du peuple *Caspien* (12); de plus, les portes caucasiennes se nomment aussi portes *Caspiennes* (13) et aujourd'hui encore le haut sommet du *Kasbek*, qui le cède à peine en majesté à l'Elbrouz lui-même, commande la passe par laquelle la Russie correspond avec la Transcaucasie; c'est par cette coupure centrale que passe la route de Stavropol à Tiflis.

Malgré la déformation qu'il a subie, le nom du Caucase lui-même se rapproche beaucoup du mot *caspien*, Erastosthène dit que les habitants du pays le nomment *Caspius* (14). La première syllabe, *cau...*, correspond à l'ossète *choch*, montagne; à l'abase *Kauch*, rocher; au persan *koh*, mont; à l'islandais *coiche*; au lithuanien *Kaucaras*, montagne. Les Scythes, au dire de Pline, nommaient le Caucase *Graucasus*, ce qui veut dire blanchi par la neige (15). Cette assertion doit être vraie, car *grau...* correspond au grec κρυ... dans κρυος, κρυσταλλος, à l'allemand *graus*, au latin *gelu*, à l'anglais *cold* (16), sans doute aussi au sanscrit *giri* montagne, de la racine *gri*, briller.

La deuxième syllabe... *casus* peut être comparée au sanscrit *kas*, au latin *castus*,

---

(1) Esdr., VIII, 7. — (2) Rawlinson, *Hérodot.*, p. 246. — (3) Rawlinson, *the five great mon.*, vol. 4, p, 34. — (4) Steph. Byz., v. σαβειρες. — (5) Vivien de St-Martin, *étud. de géog. ancien*, p. 250. *Idem*, *rech. sur les pop. prim. du Caucase*, p. 61. Hamilton, *As. min.*, vol 1, p. 219. Ainsworth, *travels*, p. 149. — (6) Xénoph., *cyropéd.*, l. VII, c. viii, *éd* Didot, p. 325. — (7) Strabon, *index var. lect.*, Didot, p. 1018. — (8) Strabon, l. XI, ch. iv-5. — (9) Steph-Byz, v. κασπια. — (10) Fest-Avienus, *de sc. orb. ter.* v. 909. Eustathe, *com. Dion. orb. des.*, Didot, *géo. min.*, v. 2, p. 316. — (11) Arrien, *exp. Alex.*, Didot. p. 70. Strabon, l. XI, c. viii. 8. *Idem*, c. x, 1. D'Anville. *géog. anc.*, vol. 2, p. 100. Steph-Byz, v. Τάπυρροι. Eusthathe, *comm. Dion. orb. desc.*, p. 346. — (12) Pline, l. VI, xv, 6. *Idem*, xviii; 3. Eustathe, *loc. cit.*, p. 345. — (13) Pline, l. VI, xv, 6. — (14) Strabon, Didot, p. 426. — (15) Pline, VI, xix, 1, 2. — (16) Rawlinson, *Hérodote*, VIII, p. 197.

au german. *Keusch* avec la signification de neige, mais dans le mot *caspius*, je trouve avec plus de certitude encore la racine semitique *Kasaph*, pâlir, blanchir (1); l'arabe *Kasf*; l'hébreu *Keseph*, argent (2); le chaldéen *Kaspa* (3); l'assyrien *Kaspa*, argent, etc. C'est donc le mont « blanc de neige », comme les Alpes sont les monts « blancs » (*albus*).

Nous pouvons conclure de ce qui précède 1° que l'étain et le lapis, par un hasard singulier, se rencontrent dans les mêmes contrées, dans l'Asie centrale, non loin de l'Indou-Kouch, et tous deux, sinon dans l'Ibérie caucasique, du moins l'un dans le Caucase, l'autre sur la route commerciale qui y conduit; 2° que les Caspiens, pourvoyeurs d'étain, étaient aussi marchands de lapis, à ce point que celui-ci avait pris leur nom. Il en résulta que sous le nom de marchandises caspiennes ou d'*articles caspiens*, le mot *Kesbet* pouvait à volonté désigner l'une et l'autre substance.

Mais ce Kesbet qu'on recherchait si avidement au bord du Nil, nous le retrouvons non moins apprécié sur les rives de l'Euphrate. Cette fois, c'est une poudre destinée à faire du fard qui porte ce nom, et la plupart des inscriptions en font le type de la matière broyée. Il est souvent accompagné du nom de la déesse *Taouth*, la mère des dieux, l'abîme primordial, dont une moitié comprenait le ciel, l'autre la terre. C'est elle qui triture le *Kesbet* du fard (4). Dans une inscription, en parlant du nord de la Palestine, *Teglatpileser* dit : « J'ai broyé comme du *Kesbet*la vallée d'*Aroer-Rabban* (5).

Dans l'inscription des revers des plaques de *Khorsabad*, *Sargon* s'exprime ainsi : « J'ai broyé tous ces peuples comme du kesbet, » *has-ba-ti* (6). Dans la prière de Sargon à Nisroch, l'acception de *fard* parait certaine..... maculis *hi-is-bi* et plumbi (7). Les Assyriens ont-ils voulu parler d'une poudre bleue, notre outremer véritable, faite de lapis broyé? Alors le kesbet ou *hasbati* est la pierre caspienne; s'agissait-il d'une poudre blanche? Dans ce cas le mot doit être pris avec sa signification propre, avec l'acception de blancheur, comme l'indique la racine sémitique *kaçap*. Cette dernière hypothèse n'est pas inadmissible, car Sargon lui-même parle de couleurs faites avec l'étain (8) et ces couleurs ne peuvent être que blanches. L'émail des briques trouvées à Babylone est, du reste, de l'oxyde d'étain (9), comme les substances colorantes blanches ordinaires dont les fouilles ont rencontré les résidus (10).

Le cuivre et ses alliages en Egypte. — Si le *kesbet* a désigné l'étain, il devait servir aux Égyptiens à faire du bronze et pour cela il leur fallait du cuivre. Nous savons en effet qu'ils en possédaient (11) : on en a trouvé des mines dans différents endroits du désert oriental d'Egypte, entre le Nil et la mer rouge, du 24 au 33e degrés de latitude nord (12).

---

(1) V. Gesenius, *Thes. ling. héb.* — (2) Gen., XXIV, 25, XXIII, 25, etc. — (3) Esdr., VII, 25, *Dan.*, v. 2, etc. — (4) *Bull. archéol.* de l'*Athen. français*, 1855. Oppert, p. 27. (5) *Bull. archéol.* de l'*Athen. français*, 1855. Oppert, p. 40. — (6) Menant, *insc de* Khorsabad, p. 47. — (7) Oppert, *expéd. en Mésopot.*, vol. 82,. p. 33 — (8) Oppert et Menant, *fastes de Sargon*. p. 7. — (9) Layard, *discov. in the ruins of Nineveh and Bab.*.p. 166. — (10) Rawlinson, *the five great mon.*, v. 1, p. 479. Birch, *ancient pottery*, vol. 1, p. 128. — (11) Diod. Sicul., liv. I, ch. xv. — (12) Rawlinson, *Hérodot*, vol. 2, p. 419.

D'après M. Birch, les égyptiens possédaient trois espèces de bronze : 1° le bronze couleur d'or, sans doute le laiton ; 2° le bronze blanc, peut-être l'alliage de cuivre et d'étain ; dont la couleur parait blanche par rapport à celle du précédent ; 3° le bronze noir, dont on ne connait pas la nature, mais qui est, je pense, du cuivre rouge pur, comme ce bronze noir de l'Inde qui a été reconnu être du cuivre sans alliage (1), et qui semble être le même que le cuivre noir dont parle Philostrate (2).

On ne connait pas la valeur phonétique du signe hiéroglyphique qui, sur les monuments égyptiens, correspond à l'idée de bronze. Il se compose de la figure d'un creuset, accompagné du déterminatif ordinaire des métaux ; on le remplace ordinairement par le mot copte *χomt* qui veut dire bronze dans cet idiôme.

Le même mot, du reste, peut avoir à la fois la signification de bronze, de laiton et de cuivre, comme nous le voyons par le grec *χαλκός* et par le latin *æs* qui, tous deux, présentent cette triple acception.

Pendant toute l'antiquité, le bronze était la matière métallique par excellence. En Egypte les armes, la hache du bûcheron (3), la pioche du cultivateur (4), les outils du graveur et du sculpteur (5) en étaient faits. Cependant il est à peine cité dans les inscriptions sinaïtiques, c'est principalement du cuivre (*mafek*) qu'il est question (6) sur les monuments trouvés dans la presqu'île.

Les mines du *Sinaï* furent en effet exploitées par les égyptiens sur une très large échelle. Ce sont les mines les plus anciennes du monde : les inscriptions qu'on y a trouvées y sont accompagnées des plus vieilles représentations de rois que nous ait laissées l'Egypte (7). Les principales localités où se trouvaient les colonies de mineurs étaient *Serabit-el-kadim* et *Ouaddy-Maghara*. Des travaux considérables sur plusieurs kilomètres d'étendue, des tas énormes de scories, montrent qu'il y régnait une grande activité et qu'on y effectuait d'importantes opérations métallurgiques (8). On y exploitait le sulfure d'antimoine, le *kohl*, collyre encore très usité dans tout l'Orient, particulièrement dans le monde mulsuman, le plomb, peut-être le fer et le *mafek*. Le mot *mafek* a été assimilé à la *turquoise* (hydro-phosphate de cuivre) et au cuivre, or il répondait à la couleur verte (9), il était importé en Egypte en sacs, en tas arrondis, en briques ou lingots (10) ; dans une hymne au dieu *Harmachis*, le soleil qui se couche, le soleil infernal, la lumière d'*Osiris* qui éclaire l'*Amenti*, le dieu est appelé « superbe globe de *mafek*, roi du ciel. » (11) Dans tout ce qui précède on comprend qu'il ne peut être question de la turquoise et qu'au contraire les allusions répondent à l'idée de cuivre.

D'ailleurs *mafek* est le cuivre en Copte, le Sinaï est le pays du *Mafkat*, la contrée du cuivre ; il est placé sous la protection de la déesse Hator, la dame

---

(1) *Handbood, for british Indian section*, Paris, *exhibit.* 1878, p. 53. — (2) APPOLON. DE TYAN, p. 55, II 17. — (3) *Papyr.* D'ORBINEY, 12, 1. — (4) *Papyr.* ANAST., v. 16, 4. — (5) *Papyr.* SALL., II, 4, 8, v. CHABAS, *ant. hist.*, p. 36, 37, 38. — (6) *Papyr.* SALL., II. 4, 8, v. CHABAS, *ant. hist.*, p. 39. — (7) *Bull. de la soc. de géog.* ; 3e série, vol. 7, p. 353. (8) *Journ. of the roy. géog. societ.*, vol. 38, p. 251. — (9) CHAMPOLLION, *notes manusc.*, p. 509. — (10) CHABAS, *études sur l'ant. hist.*, p. 22. — (11) *Records of the past.* ; vol. 8, LUSHINGTON.

du cuivre; et, d'un autre côté, les inscriptions cunéiformes indiquent la contrée de *Maganna* (Ouaddy-*Maghara*) comme le pays du cuivre (1). Un temple encombré de stèles et d'inscriptions a été consacré à la déesse Hator à *Serabit-el-Kadim* au temps de la douzième dynastie (2). Près d'un immense amas de scories se trouvent encore les ruines des fourneaux, alimentés par un courant d'air naturel (3) comme les fourneaux de l'âge du fer trouvés en Suisse par M. Quiquerez.

Les produits de ces fourneaux étaient transportés à la côte dans la plaine située entre le *ras Abou-zelimé* et le *ras Burdes*, et, de là au port d'*Elim* (4). Il me paraît bien difficile de croire que des guerres aient été entreprises, des temples élevés, des travaux immenses accomplis, des divinités spéciales invoquées, des colonies installées, pour la simple récolte des turquoises, alors que des mines de cuivre se rencontrent dans ces endroits, accompagnées des ruines des fourneaux et des résidus du travail.

Mafek me semble donc être le nom du cuivre, mais il peut signifier aussi cuivre jaune, car on a trouvé également au Sinaï des mines de zinc (5), et il est à présumer que leurs produits ont servi à convertir le *mafek* en laiton. Cependant il existe dans l'ancien langage égyptien un autre mot, le mot *tahen* qui semble plutôt répondre à l'acception du cuivre jaune, c'est-à-dire de l'alliage du cuivre et de zinc. On traduit ce mot par Safran (6), on l'emploie quand on veut exprimer quelque chose de resplendissant, « faire *tahen* » veut dire briller (7); M. de Rougé, du reste, croit que c'est une espèce de bronze (8).

Le kesbet sur les monuments. — Ainsi l'Egypte possédait du cuivre et avait besoin d'étain, elle devait donc en demander au commerce. Elle devait le demander surtout aux *Phéniciens*, ces grands marchands de bronze et d'étain; or nous voyons ces Phéniciens, ces *kéfats*, apparaître pour la première fois sur les monuments à l'époque de *Thoutmès III*. Les produits qu'ils apportaient à l'Egypte sont mentionnés sur le tombeau de *Rekk-mara* à Thèbes, ce sont des métaux, de l'or, une dent d'éléphant, enfin des briques ou lingots de *kesbet* et de *mafek* (9). Il est rationnel d'y voir l'étain et le cuivre, ou tout au moins le bronze.

Voici maintenant quelques listes de substances dans lesquelles le kesbet occupe la place qui, en vertu de sa valeur relative, devrait être réservée à l'étain. Une inscription du mur du sud à *Karnak* mentionne une harpe en argent, or, *kesbet*, *mafek* et pierres précieuses (10). Dans la campagne de *Tunaputa*, le prince de *Ua* donne : argent, or, *kesbet*, *mafek*, bronze, fer, plomb (11). La balance destinée à peser les produits du *To-Nuter* porte une inscription ainsi conçue : « Balance de l'équité et de l'exactitude de *Thoth*. Elle est faite par le

---

(1) *Bull. de la soc. de géog. voy. de* Lepsius, vol. 3, 3e série, p. 351. — (2) *Bull. de la soc. de géog.*, 3e série, vol. 7, p. 351. — (3) Lepsius, *discoveries en Égypt. and Sinaï Lond.*, 1851. — (4) Lepsius, *voy. au Sinaï*, *Bull. de la soc. de géog.*, vol. 7, p. 370. — (5) Chabas, *étud. l'ant. hist.*, p. 32. — (6) *Zeischrift für Agypt. spr.*, 1867, p. 106. — (7) Chabas, *ant. hist.*, p. 32-35. — (8) De Rougé, *mém. sur les six prem. dynasc.*, p. 69. — (9) Wilkinson, *mon. and. cust. of anaent Égypt.*, vol. 1, p. 4. Birch, *mém. de la soc. des antiq. de France*, vol. 3, p. 24. — (10) Mariette, *Karnak.*, p. 51. Birch., *annals of Totmès* III. — (11) Mariette, Birch, *Records of the past.*, vol. 2, p. 127.

« roi *Ra-ma-ka* pour son père *Ammon* à l'effet de peser l'argent, l'or, le « *kesbet*, le *Mafek* et les pierres précieuses (1). » *Thoutmès III*, dans les inscriptions de Thèbes, offre à *Ammon-Ra* de l'or, de l'argent, du *kesbet* (2), du *mafek*, du laiton, du fer, du plomb (3). Le même monarque dans sa cinquième campagne s'empare du chef de *Tounep* (au sud d'*Alep*) et impose une contribution en or, argent, *kesbet*, *mafek*, bronze. Sous *Rhamsès III*, dans le trésor du temple de *Ptah*, il y a de l'or, de l'argent. du *kesbet*, du *mafek*, du plomb (4). Sur l'inscription de l'obélisque de *Saint-Jean de Latran*, le roi *Ramen-Kheperu* augmente ses fondations dans Thèbes d'or, de *kesbet*, de *mafek* (5). Sur la stèle de *Pianchi-Mériamoun*, au *Djebel-Barkal*, il est dit que le roi *Nimrod* (qui régnait sur le nôme d'*Hermopolis magna*) envoie de l'or, de l'argent, du *kesbet*, du *mafek*.

Je ne poursuivrai pas plus loin ces citations, mais je montrerai qu'en Assyrie, dans les inscriptions, la place qu'occupent sur les monuments d'Egypte le kesbet et le mafek, est remplie, dans les mêmes conditions par l'étain et le cuivre.

Dans les annales d'*Assur-Nasir-pal*, les listes des tributs payés par les peuples qu'il subjugua, mentionnent dans un ordre constant l'argent, l'or, l'étain, le cuivre (6). Sur l'obélisque de *Salmanassar*, le tribut des *Patiniens*, des *Guzaniens*, c'est l'argent, l'or, l'étain, le bronze (7). Dans l'inscription des taureaux, *Salmanassar III* perçoit le tribut de *Gir-paroudi* en or, argent, étain (8). *Assur-akh-bal* dépose dans le palais royal des amas d'argent, d'or, d'étain, de cuivre, de fer (9). *Assur-nasir-pal* reçoit de la ville de *Sunai*, de l'argent, de l'or, de l'étain, du cuivre; du prince de *Lâkié* de l'argent, de l'or, de l'étain, du cuivre; de la ville de *Hindanai* et de la terre de *Nilaai* de l'argent, de l'or, de l'étain, du cuivre, etc. (10).

Dans les fondations du palais de *Sargon*, à *Khorsabad*, on a trouvé des inscriptions portant ces mots : « J'ai écrit la gloire de mon nom sur des « tablettes en or, en argent, en cuivre, en plomb, en étain, en marbre et en « albâtre. » (11) La tablette d'étain a été retrouvée assez bien conservée; le duc de *Luynes* qui en a reconnu la nature (12) y a trouvé des traces d'antimoine. Peut-être ce métal y avait-il été introduit dans le but de durcir l'étain comme on le fait actuellement pour fabriquer l'alliage des caractères d'imprimerie.

Comme on vient de le voir, dans la plupart de ces inscriptions, l'ordre des métaux est le même que sur les monuments de l'épigraphie égyptienne. On peut remarquer que l'argent est souvent placé avant l'or, c'est peut-être là un souvenir du temps où ce métal avait pu être regardé comme plus précieux que

---

(1) Mariette, *Deir-el-Bahari*, Paris 1875, p. 20. — (2) Birch, *Archæologia*, vol. 35, p. 130. — (3) Chabas, *études sur l'ant. hist.*, p. 276. — (4) *Records of the past*, vol. 8, p. 7. *Papyr.* Harris. — (5) *Revue archéolog.*, 2e série, vol. 9, p. 44. — (6) Rodwell, *annals of* Assur-nasir-pal., *R. of the P.*, vol. 3, p. 44-74. — (7) *Black obel. of* Shalmaneser., *R. of. the P.*, vol. 5, p. 42. Smith, *early. hist. of. Babyl.*, p. 11. — (8) Oppert, *hist. des emp. de Chald. et d'Assyr.*, p. 111. — (9) *Monolith of* Assur-akh-bal, Talbot., *R. of. the P.* vol. 7, p. 18. — (10) Rodwell, *annals of* Assur-nasir-pal, *R. of the P.*, vol. 3, p. 48, 52, 84. — (11) *Acad. des insc. et belles let.* Menant, *tables votives de Khorsabad*, vol. 7, p. 415. — (12) *R. of the P.*, vol. 11. p. 40.

l'or ; car, plus on remonte dans l'antiquité, plus la valeur de l'argent augmente par rapport à celle de l'or, et il me semble assez probable qu'à une certaine époque l'argent, nouvellement découvert, et par suite rare (1), fut regardé comme supérieur à l'or. D'ailleurs il ne se rencontre pas dans les sépultures ni dans les habitations de l'âge du bronze, et le fait qu'en égyptien ce métal n'a pas de nom particulier, et qu'il est désigné sous le nom d'*or blanc*, semble venir à l'appui de mon assertion, en témoignant que la découverte de l'argent a été postérieure à celle de l'or, au moins en ce qui concerne le monde connu des égyptiens.

J'ai choisi plus haut, avec intention, une certaine quantité de documents dans lesquels le mot *kesbet* semble, à n'en pas douter, désigner l'étain. Si l'on ne possédait que ces documents, on pourrait considérer la question comme résolue, mais il en est d'autres où la signification de lapis est fort probable.

Dans les instructions du roi *Amenemat I* à son fils *Osortasen I*, XIIe dynastie, le Pharaon raconte qu'il bâtit une maison ornée d'or, avec des toits de *kesbet*, or les Égyptiens peignaient, dit-on, en bleu les toits de leurs temples (2). — « Le roi *Thoutmès III* m'a donné trois bracelets de kesbet » dit l'inscription d'*Ahmès* (3). — Le chef d'*Assur* donne au même roi une pierre de « kesbet vrai » pesant 20 *outen* et 9 *kat* c'est-à-dire à peine deux kilogrammes (4). — Au temps de *Rhamsès*, le papyrus *Harris* mentionne 217 plaques pectorales et 62 scarabées de kesbet (5), etc.

Quoiqu'on ne puisse rien inférer d'une petite quantité de kesbet donnée en tribut, on ne peut s'empêcher de croire qu'il ne peut être question de l'étain dans cette partie des annales de *Rhamsès III* où on lit : kesbet 47 *ten*, entre argent 1143 *ten* et, bronze 1000 *ten* (6).

Le XXVIIe chapitre du rituel funéraire dont le papyrus a été trouvé dans la sépulture du scribe *Mékhistamen* est appelé « le chapitre du *kesbet* (7). » — Dans un autre ordre d'idées, on peut regarder comme fort extraordinaire la mention du kesbet appliqué à la tête ou aux cheveux dans l'énumération singulière des différentes parties du corps de certaines divinités, par exemple d'*Hator*, d'*Ammon*, du « dieu existant par lui-même (8) ». Les os sont d'argent, les chairs ou la peau d'or, les jointures de mafek, la tête de kesbet (9), de plus on lit dans le rituel funéraire : « tes paupières sont fixes tous les jours, tes cils sont en kesbet vrai (10) ». Cette coloration bleue des cheveux paraît étrange, mais elle semble exacte, car les monuments l'ont révélée, sinon en Égypte, au moins dans la Phénicie si fortement imprégnée des coutumes égyptiennes. On a trouvé, en effet, à Tripoli, un sarcophage, aujourd'hui au Louvre, portant une tête sculptée qui conserve encore la trace d'une peinture bleue foncée (11). Peut-être que ce

---

(1) STRABON. l. XVI, 18. — (2) MASPÉRO, *Inscrip. d'Una*, *R. of the P.*, vol. 2, p. 14. (3) *Inscript. d'Ahmès*, *R. of the P.*, vol. 4. p. 3. — (4) CHABAS, *ant. hist.*, p. 134. — (5) *Zeitschrift fur Ag. sp.*, 1873, p. 67. — (6) *Annals of Rhamsès III*, *R. of the P.*, vol. 8, p. 40. — (7) *Zeitschrift fur Ag. sp.*, 1867, p. 17. — (8) NAVILLE, *dest. du genre hum. R. of the P.*, vol. 6, p. 105. — (9) CHABAS, *ant. hist.*, p. 24. — *R. of the P.*, vol. 8, p. 137. — MARIETTE, *papyr. de Boulaq.*, pl. II. — *R. of the* P. *Saneha*, vol. 6, p. 144. — (10) *Zeitschr. fur Agyp. sp.*, 1873. NAVILLE, p. 81. — (11) DE LONPÉRIER, *Mon. ant. de l'Asie.* — *Journal asiat.*, 5 série, vol. 6, p. 424.

fait, rapproché du fard *hisbiti* employé en Assyrie, pourrait indiquer la coutume de se poudrer les cheveux, dans certains cas, avec du lapis broyé. Les Assyriens disaient que le *hisbiti* venait du trésor du ciel, et, à cause de l'analogie de la couleur avec celle du ciel, peut-être pourrait-on y voir une prescription religieuse (1) : dans Homère, *Neptune* est appelé le dieu aux cheveux d'azur (2).

En résumé, le mot kesbet s'applique aussi facilement, je devrais dire aussi difficilement à l'étain qu'au lapis, mais, on doit le reconnaître, ces deux substances ont beaucoup de points communs, si l'on se place à un point de vue tout-à-fait égyptien, 1° à cause de l'étymologie probable du mot *kesbet* qui peut être rapproché du sémitique *kaspa*, argent, comme en sanscrit *tira* étain de *tara* argent, comme en espagnol *platina* platine de *plata* argent; 2° à cause de l'origine, l'étain *kesbet*, ayant ses mines dans les monts *Caspiens*; 3° à cause de la provenance commerciale, l'étain et le lapis étant tous deux fournis par les *Caspiens* tous deux étant, comme je l'ai dit plus haut, des *articles caspiens*.

Il résulte de ce qui précède que les Égyptiens ont été dès l'origine de leur établissement dans la vallée du Nil, en rapport commercial avec les peuples du Caucase, et Hérodote nous transmet peut-être un écho de ces anciennes relations, quand il nous affirme que la *Colchide* était une colonie égyptienne (3).

Dans un pays où les institutions ont un caractère d'immutabilité aussi prononcé, il n'est pas très-étonnant qu'un mot d'une pareille antiquité ait traversé tant de siècles sans perdre sa structure primitive, quoiqu'on l'ait défiguré plus tard, sous les Ptolemée, par une sorte de métathèse en l'écrivant *kesteb*. Mais, en agissant ainsi, les auteurs de cette transformation ont cédé à l'envie de faire un calembour ridicule, car kesteb en Égyptien signifie « un homme qui tire la queue d'un porc » et c'est sous cette forme plaisante qu'un idéogramme a été créé pour exprimer le mot kesbet.

Comme on n'écrit pas les voyelles sur les monuments, ce mot *ksbt*, unique dans la forme, pour la langue écrite, pourrait bien, dans la langue parlée avoir revêtu avec des voyelles différentes, des significations multiples. Par exemple si en français on omettait les voyelles dans l'écriture, la combinaison *sc* correspondrait aux mots *sac*, *sec*, *suc*, *soc*, en anglais l'ensemble des consonnes suivantes *shp* pouvait se prononcer *ship* navire, *shop* boutique, *sheep* brebis.

Je ne veux pas insister sur ces conjectures que les seuls égyptologues ont qualité pour apprécier : il leur appartient de résoudre la question.

Dans le *copte* qui est une langue néo-égyptienne, l'étain porte deux noms : *thram* et *bacnet*.

Thram paraît avoir une ressemblance notable avec le sanscrit *tira* ou *tiram*, étain; *bacnet* est un mot plus original, qui ne semble se rapporter à aucun autre nom connu. Il se confond avec les noms de la métallurgie en général et signifie aussi « ouvrier en bronze ». Je serais tenté de le rapprocher des onomatopées *coptes* du bruit et en particulier du mot *bici-bas* scier. Le sanscrit nous offre, du reste, dans un des noms de la scie, un exemple d'une pareille onomatopée, la scie se dit : *krakara*, c'est-à-dire « l'instrument qui fait *kra* ».

(1) Talbot, *poésie sacrée assyr. R. of the P.*, vol. 8, p. 15. — (2) H., ch. xx, v. 144.
(3) Hérodote, l. II, c. 104.

V. — L'ÉTAIN D'ASSYRIE.

Avant d'examiner les conditions dans lesquelles s'est présenté le commerce de l'étain dans la Chaldée et dans l'Assyrie, je désire faire une remarque générale relative à la structure des mots à l'aide desquels, dans l'antiquité, on a désigné les différents métaux. De l'examen de ces noms, dans les principales langues de l'Asie et de l'Europe, il résulte que l'étymologie de chacun d'eux rappelle, tantôt une propriété spéciale, tantôt un caractère général. Ce caractère général c'est l'intensité de la réflexion de la lumière : ce qui a frappé les premiers hommes, ce n'est ni la densité, ni la dureté, ni la malléabilité, ni aucune des propriétés véritablement utiles, c'est uniquement l'éclat, la couleur, en un mot la manière dont les métaux se comportent à l'égard des rayons lumineux. C'est aussi à l'éclat et à la couleur que se rapporte la plus grande partie de leurs noms, et, considérée sous cet aspect, leur étude ne nous offre pas l'intérêt que présente l'examen des autres noms, de ceux qui revèlent des propriétés spéciales ou des circonstances particulières.

Les inscriptions cunéiformes des monuments assyriens et babyloniens nous fournissent deux noms pour l'étain :

1° *anaki* (1), *anaku* (2), ou *anaka* (3);

2° *Kusazatirri* (4), *kasazatirra* (5), ou *qizasaddir* (6).

Le premier est purement sémitique, *anaki* ou *anak*, dont la forme *anna* n'est qu'une abréviation, se retrouve dans la langue hébraïque (7), dans le syryaque, l'ethiopien et l'arabe, tantôt avec la signification de plomb, tantôt avec celle d'étain. De ces mots il faut rapprocher la racine hébraïque et arabe *anak* et *naq* gémir, *nakah* frapper; l'arabe *nak* haleter, *anak* braire, *naq* coasser, *naqaqah* grenouille.

Il pourra paraître extraordinaire que des mots exprimant le gémissement, le bruit, le coassement, se trouvent en rapport avec les noms d'un métal, mais rien n'est plus certain. Je prouverai, au cours de ce mémoire, que presque tous les noms de l'étain ont pour racines des mots exprimant le gémissement, le bourdonnement, la toux, le craquement, en général le bruit, et qu'il se confondent souvent avec les noms du faucon, du porc, de l'abeille, etc. La propriété si caractéristique de l'étain de faire entendre un craquement, un *cri* très sensible, quand on courbe une baguette de ce métal, donne la raison de tous ces rapprochements.

Les habitants de la Chaldée et de l'Assyrie n'étaient pas loin du Caucase et les *Caspiens* leur fournissaient sans doute l'étain de l'Ibérie. Soit que ces Cas-

---

(1) MENANT, *Éléments d'épigraph. Assyr.* Mém. de l'Acad. des insc. vol. 7, p. 414. — (2) NORRIS, *Assyr. diction.* vol. 1, p. 40. — (3) *Transac. of the soc. of biblic. archæol.* vol. II, 1873, p. 314. — (4) MENANT, *loc. cit.*, p. 414. — (5) LENORMANT, *prem. civilis*, vol. 1, p. 147. — (6) Tablettes votives de *Khorsabad*, *R. of the P.* vol. XI, p. 34. — (7) *Amos.* liv. VII. v. 78.

piens, Saspires, Ibériens, aient été des Touraniens, soit qu'ils aient appartenu à la race kouschite et parlé une langue sémitique, le mot *anak* doit venir d'eux. D'ailleurs, à quelque famille de langues qu'ait appartenu leur idiome, la paternité du mot peut leur être attribuée, car il ne s'agit que d'une simple onomatopée du bruit; *nak* ressemble en effet singulièrement à *tac*, à *tic*, à *toc* et aux autres manières d'exprimer phonétiquement un bruit sec et de peu d'intensité.

Les Assyriens n'ont pas puisé leur étain uniquement dans les mines du Caucase, car le second nom assyrien de l'étain indique une source très différente. Il peut se faire que les mines du Caucase aient été épuisées de bonne heure, et que les fabricants de Ninive et de Babylone se soient vus forcés de s'adresser aux possesseurs des mines de l'Indou-Kousch, bien que les deux exploitations puissent avoir simultanément envoyé leurs produits dans les villes de l'Euphrate et du Tigre.

Quoi qu'il en soit, l'introduction dans la langue assyrienne du mot *kasazatirra* n'a pu avoir lieu avant l'époque à laquelle les *aryas*, ou quelques-unes de leurs tribus, se furent établis sur les pentes de l'Indou-Kousch et eurent forcé les mineurs de ces montagnes à travailler pour eux, car, comme nous allons le voir, ce mot s'explique sans difficulté avec le secours du sanscrit.

Kasazatirra, *kizasaddir*, *husazatirri* ou toute autre forme analogue, offre, en effet, avec le sanscrit *kastira*, l'arabe *kazdir*, le grec κασσίτερος (1), le mot *kesdir* des langues africaines, une incontestable analogie.

M. Lenormand (2) pense que ce mot ne vient ni des langues sémitiques, ni des idiômes aryens et que les assyriens ont dû le recevoir d'une race tout à fait différente. Il conseille d'en chercher l'étymologie dans les dialectes caucasiques ou dans les langues touraniennes. Il regarde l'extension du mot géorgien *gala*, arménien *glajek*, ossette *kala*, turc *kalai*, et même l'arabe *qaliyoun*, comme un vestige tangible de la diffusion de l'étain provenant de l'Ibérie caucasique chez les sémites.

Malgré la déférence que je dois à un aussi illustre savant, je me permettrai d'être d'une opinion tout à fait contraire. Avant de démontrer, comme je le ferai plus loin, que l'étymologie du mot *gala* ou *kala* est parfaitement certaine, et ne peut, en aucune façon, être rapportée aux langues du Caucase ni au Turc, je commencerai par faire voir que le mot qui nous occupe est incontestablement d'origine aryenne. Avant d'examiner la structure du mot *kasazatirra*, je ferai observer qu'on a eu tort de nier l'origine aryenne de *Kastira* = κασσίτερος en se fondant, comme l'a fait M. Pictet, sur ce fait qu'à l'exception du grec, les idiômes d'origine indo-européenne ne renferment aucun mot analogue. Il faut remarquer que, sauf les Celtes, aucun peuple aryen n'a rencontré d'étain sur le territoire qu'il a occupé, après la dispersion générale, et que les grecs, restés voisins de l'Assyrie, en rapport constant avec l'Asie, doués d'une civilisation pénétrée d'éléments orientaux, ont seuls pu garder le souvenir d'un mot que tous avaient

(1) On trouve dans Buxtorf (lex. chald.), *Kastra*, et dans les targums : *Kistara*. — (2) Lenormand. *prem. civilis*, vol. 1, p. 147.

connu à l'origine. Du reste, l'étain est désigné en sanscrit par un très grand nombre de mots, et il serait difficile de nier l'extrême antiquité de plusieurs d'entre eux, quoique beaucoup d'autres aient été certainement forgés pour les besoins de la poésie, ce qui n'a rien d'étonnant dans une langue où les mots composés prennent aussi facilement naissance. Ceux des peuples indo-européens qui ont conservé le souvenir de l'étain, soit à cause de la proximité des contrées où on le trouvait, soit à cause de l'existence même de ses mines sur leur propre territoire, ont choisi les noms qui convenaient le mieux au nouveau développement de leur génie. Les grecs ont conservé κασσίτερος et oublié les autres mots, les Celtes ont gardé *patîra* et laissé *kastîra* de coté, tout en restant en possession de *stannum*, avec sa forme celtique, tandis que les indiens, bien que conservant le primitif de *stannum*, comme je le ferai voir plus loin, en ont oublié l'acception métallique.

N'est-ce pas ainsi qu'on a expliqué comment les arabes de différents pays, Syriens, Égyptiens, Algériens, Marocains, etc., parlent des dialectes distincts, chaque peuple ayant puisé dans dans un riche dictionnaire, et s'étant assimilé les synonymes qui lui convenaient le mieux, oubliant les mots préférés par les autres tribus, quoique tous se retrouvent dans l'arabe littéral?

On a proposé beaucoup d'étymologies pour le mot *kassiteros* Festus Avienus le fait venir du mont *Cassius* d'Espagne (1), Eustathe de *kausis* combustion et de *tereô* blesser, à cause de la facilité avec laquelle l'étain céde à l'action du feu. Pott suggère qu'il vient de *candere* et de *sidêros* ou du sanscrit *ka-styai* = *quam bene sonare*. Benfey le tire de *kasa* ou *kansa*, métal blanc et de *tira*. Weber propose *katasideros*, il cite *tira* et ramène ce mot à la racine *tri* avec le sens de ductilité (2). D'après Wilford, l'étain fut appelé ainsi parce qu'on le trouvait sur les *tiram*, rivages ou côtes du *Cachha* dans les îles occidentales (3).

Aucune de ces étymologies n'est satisfaisante, et voici celle que je propose. Le mot se scinde facilement en deux parties : 1° *kasa... kas... kas...*; 2° *zatirra... siteros... tira*, et cette dernière partie peut, de suite, être rapprochée du nom grec du fer *sidêros*. Ce mot correspond au latin *stella*, *sidus-eris*, à l'anglais *star*, à l'anglo-saxon *steorra*, au scandinave *stierna*, à l'allemand *stern*, etc., avec l'acception d'astre, d'étoile. On en a conclu que les anciens avaient exploité les blocs de fer météorique épars sur le sol, qu'ils en avaient reconnu l'origine *sidérale* (ces blocs ne proviennent cependant pas toujours des espaces célestes), et avaient conservé, dans un des noms du fer, le souvenir de cette particularité. Je ne crois pas que ce point de vue soit correct : d'abord ce nom se retrouve seulement dans le grec et ne se rencontre pas dans les langues appartenant à des peuples d'une civilisation plus primitive, ensuite d'autres noms de métaux présentent une étymologie du même genre, sans qu'une pareille origine puisse leur être attribuée. Ainsi, en sanscrit, l'or se dit *târicha*, l'étoile brillante; *bâskara*, le soleil; un des noms de l'argent est *târa*,

(1) Fest. Avien. *ora marit.* v. 260. — (2) Pictet, *Les origines Indo-Européennes*, vol. 1, p. 177-179. — (3) *On the sacred isles in the West.* Wilford, *asiat. res.* vol. II, p. 43.

l'étoile. Ce sont là des expressions d'éclat, de réflexion lumineuse, et non de substance ou d'origine, de sorte que, à mon avis *sidêros* signifie seulement « brillant comme une étoile. »

Il s'agit montrer que *tîra* est le même mot que *sidêros* étymologiquement parlant. Je rappellerai pour cela l'opinion de Burnouf à propos de ce mot : *Çtàra* et *açtâra* signifient en zend astre et étoile et « c'est du mot *çtâr* que me paraît « dérivé le sanscrit *târa* qui semble, en effet, plutôt une forme de *çtâr*, par le « retranchement du *ç*, que de *tri*, traverser (1). » Du reste on retrouve en persan les mot *sistâra*, *satara*, *satar* et *târa*, étoile, et, dans cette même langue, *tir*, manifestement dérivé de *tara*, désigne le mercure. Je ne crois donc pas qu'on puisse douter que *sidêros*, fer, et par suite la deuxième partie du mot qui nous occupe.. *siteros* n'ait avec les mots sanscrits *târa* étoile et argent, et *tîra* étain, une commune origine. Ce mot *tîra* qui, à lui seul, veut aussi dire étain en sanscrit, se montre encore dans un autre nom de l'étain, *patîra*; mais c'est là une circonstance purement fortuite, car je montrerai plus loin que ce dernier mot se décompose en une racine *pat* et en un suffixe *îra*.

Quant à la syllabe *kas*... le sens en est évident, il vient de la racine *kâs*, tousser, cf. *kaç*, claquer; *koch*, heurter; *kâsa*, toux ; scandinave *hâs*; anglo-sax, *has*; ancien allemand *heis*, rauque, et se relie au nom du porc : persan *kâs*, verrat, et irlandais *ceas*, truie. Ce sont encore là des *onomatopées* du bruit, du grognement, etc., comme nous l'avons vu plus haut à propos du mot sémitique *anak*.

Ainsi nous sommes conduit à une forme primitive *kasa-satâra* ou à quelque forme très voisine, rendant compte de l'assyrien *kisa-zadir* ou *kasa-zatirra*, du grec *kassiteros* et du sanscrit *kas-tira* avec la signification de « métal qui craque. »

La provenance d'une partie de l'étain d'Assyrie me semble donc ainsi démontrée, et il ne me paraît pas douteux que les mines de l'Indou-Kousch n'aient procuré de l'étain aux habitants du bassin de l'Euphrate et du Tigre à une date fort reculée, soit que les populations de race aryenne en aient elles-mêmes exploité ou fait exploiter les mines, ou qu'elle se soient contentées d'en trafiquer.

Il existe en Chaldéen un autre nom de l'étain, *abtsa*, qui, à une certaine époque, a dû avoir cours à Babylonne. Ce mot ne semble pas avoir jamais subi une grande diffusion, et sa signification, d'après la racine *abats*, paraît avoir été simplement celle de l'éclat. Je n'ai pu savoir si on avait trouvé sur les monuments quelque trace de ce mot.

Quand on examine les noms de l'étain, il ne faut pas oublier ceux du plomb, car, en raison de l'analogie des deux métaux, ils ont été souvent confondus, et on hésiterait souvent à préciser la signification de l'un d'eux, si l'étymologie ne

(1) Burnouf, *ext. d'un com. et d'une trad. du Vendidat, Jour. asiat.* vol. 3, 2e série, p. 342. *Com. sur le Yaçna*, vol. 1, p. 71, 355.

venait en aide. Cette étymologie, du reste, ne peut fournir que la signification originaire du mot, car l'acception a souvent été modifiée par la suite.

M. de Bougemont (1), pensant que l'étain et le plomb avaient dû avoir originairement le même nom dans le Caucase, et croyant trouver dans le mot *ebro* ou *abar*, plomb, l'étymologie du mot Ibérie, est parti de cette donnée pour établir une foule de concordances qui ne me paraissent pas exactes. M. Lenormand (2) est d'avis que cette conjecture ne doit pas être rejetée à priori, et ajoute que le mot *ebro* ou *abar* n'a pas une étymologie très certaine dans les langues sémitiques. Je crois cependant le contraire, et je pense qu'*ebro* n'a jamais signifié étain. D'abord, en ce qui concerne les rapports entre *ebro* et *Ibérie*, nous avons vu plus haut que le mot Ibérie est une forme contractée pour *isber* et probablement même pour *kisber*, de sorte qu'*ebro*, plomb ou étain, ne peut plus en être rapproché. En second lieu, le chaldéen, *abar*; l'araméen, *ebro*; l'arménien, *gabar*; l'hébreu; *aphéreth;* l'arabe, *abar*; trouvent une étymologie satisfaisante dans la racine hébraïque *'abar*, traverser, et dans l'arabe *abar*, piquer. C'est la caractéristique d'un métal mou, qui se laisse facilement pénétrer. La même idée se retrouve en sanscrit où nous rencontrons les mots *pichta* et *pitchtata*, plomb, de *pitch*, diviser, découper, mettre en pièces. Le mot *ebro* convient donc bien au plomb et ne peut s'appliquer à l'étain.

Il est difficile de dire à quelle époque ont pris naissance les langues actuelles du Caucase, et de tirer quelques conséquences de l'examen des termes qu'elles emploient pour désigner l'étain. Cependant, le fait même qu'il existe aujourd'hui encore un mot commun à presque tous les peuples du Caucase, mot qui semble avoir son origine dans le pays même, est une nouvelle preuve que l'étain, au moins à une certaine époque, y a été exploité.

Le géorgien *tqwia*, le lesghi *touhi*, le mingrélien *tquoué*, le souane *tkoui*, le tcherkesse *zakhou*, l'abaze *dzekh* proviennent tous d'une racine *tq*, *tk* qui est aussi une onomatopée du *cri* de l'étain. Peut-être l'assyrien *tahdi* (3) *taht* (4), l'ancien égyptien *thhti*, le copte *tahd*, qui ne sont employés qu'avec l'acception de plomb, proviennent-ils d'une vieille racine caucasique, d'un mot employé primitivement dans le sens d'étain, ces deux métaux étant souvent confondus comme je l'ai déjà fait remarquer.

---

(1) De Rougemond, *L'âge du bronze*, p. 101. — (2) Lenormand, *Prem. civilis*, vol. 1, p. 150. — (3) *Bulletin archéol. de l'Athen. franç.* 1855, p. 13. — (4) *Oppert. journ. asiat* 5e série, vol. IX, p. 191. — *Expédit. en Mésopotamie*, vol. II, p. 90.

VI. — LE COMMERCE DE L'ÉTAIN EN ASIE DANS LA HAUTE ANTIQUITÉ.

Nous venous de voir qu'à une époque fort reculée, les populations de l'Égypte et de l'Assyrie tiraient leur étain du Caucase et de l'Indou-Kousch, cherchons maintenant par quelles routes voyageait ce métal et quels étaient les marchands qui le fournissaient.

Aux temps antérieurs à l'établissement des Phéniciens sur la côte de Syrie, l'étain du Caucase n'avait pu parvenir aux égyptiens qu'à l'aide de caravanes parcourant l'Arménie, la Mésopotamie, la Syrie et la Palestine, mais nous ne savons rien de la route ni des voyageurs. Plus tard, c'est-à-dire après la fondation de Sidon, les *Phéniciens* utilisèrent cette voie commerciale, tout en conservant aussi, sans doute, à leur profit, le transit de l'étain provenant de l'Asie centrale. Enfin, à une époque probablement plus récente, mais qu'il est difficile de préciser, les *Madianites* s'occupèrent aussi de fournir à l'occident l'étain qu'ils recevaient, à travers la *Carmanie*, des *Dranges* établis dans la vallée de l'*Hilment*. Je vais donc, à ce point de vue spécial du commerce de l'étain, parler des Phéniciens, des Madianites, de la Carmanie et des Dranges.

Les Phéniciens. — Aussi loin que les traditions et les monuments nous permettent de remonter dans l'histoire, nous trouvons, depuis les bouches de l'Indus jusqu'en Afrique, les côtes de la Gédrosie, de la Carmanie, du golfe Persique, de l'Arabie méridionale et du pays des Aromates, habitées par des populations auxquelles on a donné le nom de Kouschites, en possession de la plus ancienne navigation et du plus ancien commerce. Sous le nom de Poun (1), plus tard de *Phoinikoi*, *pœni*, *puni*, dont nous avons fait *phéniciens*, habitait, parmi ces kouschites, un peuple particulier qui emprunta ou donna son nom à une partie de ce territoire. Son activité et sa connaissance du commerce et des choses de la mer lui faisaient parcourir toutes ces côtes, et ses caravannes arrivaieent à ravers l'Arabie, par le *Nedjed*, le *Kasim*; *Waddi Djouf* et *Maan* jusqu'à la Syrie méridionale, l'isthme de Suez et l'Égypte, à une époque extrêmement reculée. Nous savons, du reste, qu'au temps de la IVe dynatie égyptienne, c'est-à-dire, à l'époque de la construction des pyramides, *Hator*, la *Dame* du cuivre, était aussi désignée sous le nom de *Dame* de *Pount*, ce qui peut être regardé comme un indice du caractère métallique du commerce phénicien dans la haute antiquité.

Dès la Xe dynastie, c'est-à-dire trente siècles environ avant Jésus-Christ, les égyptiens naviguaient sur la mer Rouge, et *Homou*, grand personnage du temps de *Sonkharî*, poussa même une pointe jusqu'à *Poun* (2). Il faut remarquer, d'ailleurs, que les expressions « *pays de Pount*, » et « *To Nuter*, » ce dernier souvent au pluriel et signifiant « *pays divins* ou *sacrés* » (3), sont des dési-

---

(1) MASPÉRO, *hist. anc.*, p. 169. — (2) MASPÉRO, *Revue historique*, vol. IX, p. 8. — (3) MARIETTE, *Listes géograph. de Karnak*, p. 61. BRUGSCH, *géographie*, vol. III, p. 64. MARIETTE, *Deir-el-Bahari*, p. 14.

gnations vagues, analogues à celle de *Tharsis* dans l'antiquité hébraïque et phénicienne, ou à certaines dénominations plus modernes, comme « les îles » ou « les Indes » qui, orientales et occidentales, comprennent près de la moitié du globe. Au temps même de la domination romaine dans les parages de la mer Rouge, ce dernier nom comprenait l'Abyssinie sous le nom « d'Inde intérieure » (1). De même le nom de *Pouna*, répondant sans doute d'abord à un territoire déterminé, s'étendit à l'*Yemen* (2) et au *Somalis* pour finir par désigner tout l'Orient (3).

Les traces du séjour et des relations commerciales des phéniciens sont assez nombreuses sur les côtes, depuis le quarantième jusqu'au soixantième degré de longitude Est, et depuis le dixième jusqu'au trentième degré de latitude Nord. Un pays d'*opiné* (4), un bourg de *panin* (5), de nos jours une contrée de *Bennah* (6), se rencontrent aux endroits où aborda la flotte d'*Halasou*, sous la XVIIIe dynastie égyptienne. Les îles *Bahrein* paraissent avoir été, au moins pendant un certain temps, le centre de leurs opérations, et c'est de là que les historiens les font partir, à la suite des peuplades dont l'ensemble porte le nom de « pasteurs », pour aller occuper la Syrie maritime et sans doute contribuer pour leur part à la conquête de l'Égypte (7). On retrouve les noms de *Tyr* et d'*Aradus* dans les îles Bahrein sous les noms de *Tylos* et d'*Aradus* (8). Une ville du nom de *Sidon* s'est conservée sur les côtes de la Carmanie, *sisidôn* (9), une autre nommée *Sour* se voit encore chez les *benou-yau*, auprès de Béreyniah, et une troisième du même nom est placée entre Mascate et le Ras-el-Hadd (10). Un entrepôt des marchandises de l'Inde existait aussi, sous la désignation de *Tur* dans le voisinage d'Ormuz (11). Peut être faut-il rapprocher du nom de *Tyr* (*Tsour*) celui de la ville de Sohar, une des plus anciennes du golfe Persique, dit Edrisi (12). Néarque et Orthogonas, d'après Strabon (13), parlent d'une île nommée *Tyrine*, à 2000 stades de la côte de la Carmanie, c'est dans cette île que se trouvait le tombeau d'Erythras.

Une particularité assez curieuse, relativement à l'*Aradus* du golfe Persique, c'est qu'au fond de la mer, se trouvait un courant d'eau potable que les habitants utilisaient, de même que les Aradiens de Syrie employaient une source d'eau douce sous-marine, trouvée au large de leur territoire (14). Les portugais y faisaient autrefois leur provision d'eau pour leur navires (15). Tavernier en

---

(1) Reinaud, *Relations polit. et commerc. de l'Empire romain avec l'Asie orient.*, p. 176. Letronne, *Acad. des inscript. et belles lettres*, t. IX, p. 158, t. X, p. 225. — (2) Brugsch, *géog. inschrift*, t. II, p. 14, *sqq*; t. III, p. 63-4. — (3) Maspéro, *Revue histor.* t. IX, p. 6. — (4) Periple, *géog. min.* t. I. Didot, p. 267. Ptolémée, *géog.*, t. IV, p. 7, 11. — (5) Ptolémée, *géog. id.* — (6) Mariette, *listes géograph. de Karnak*, p. 61. — (7) Herodote, I, VII, p. 89. Strabon, XVI, p. 27. Justin XVIII, p. 3, 2. *cf.* Homère, *od.* IV, p. 84. — (8) Strabon, *loc. cit.* Pline, VI, xxxii, p. 6. Étienne de Byzance, ed. *Pinedo*, p. 97. — (9) Relandus, *dissert. misc.*, t. I, p. 103. Arrien, *hist. ind.*, *géog. min.*, Didot, vol. 1 p. 359. — (10) Niebuhr, *desc. de l'Arabie*, p. 307. Heeren, *polit. et com. des peuples de l'ant.*, vol. II, p. 271. — (11) Heeren, *polit. et com. des peuples de l'ant.*, vol. II, p. 281-282, voir à ce sujet : Ezechiel, XXVII, 15. — (12) *Noël des Vergers, Arabie.* p. 27. *Relation du major Wellsted*, t. I. p. 229. — (13) Strabon. Didot, p. 652, XVI, III, 5. Le texte donne Τύριν, d'autres manuscrits Τυρίνην. — (14) Strabon, XVI. 13. — (15) Chardin. *Voyages en Perse*, II, p. 24.

parle également (1), et, aujourd'hui même, des plongeurs vont l'extraire encore ainsi que le rapporte Horsburg (2). Ce n'est pas d'ailleurs le seul endroit où pareil phénomène a lieu de nos jours (3).

Pendant que les Hébreux étaient à *Horma*, ils eurent occasion de combattre contre le roi d'Arad, chananéen qui habitait le midi. Il s'agit sans doute d'une tribu phénicienne venue d'Arad pour exploiter les mines de *Punon* (4) entre Tsalmona et Oboth (5). Saint-Jérôme a identifié ce nom avec *Pinon*, siège d'une tribu d'Édomites, et avec *Phænon* riche en mines de cuivre (6).

Les traditions classiques rapportent du reste, vers les parages du golfe Persique les origines du commerce maritime. C'était des eaux de cette mer qu'*Oannès* homme-poisson, sortait périodiquement pour initier aux sciences et aux arts, les habitants primitifs de la Chaldée; c'était à *Erythras* qu'on s'accordait à attribuer l'invention des navires, et à l'orient de cette mer Erythrée qu'on plaçait son sejour (7). Un souvenir des riverains du golfe Persique, du culte de l'Hercule phénicien et du commerce des métaux précieux, semble avoir motivé, dans le temple d'Hercule à *Erythrès*, la présence des cornes de la fourm indienne qui tirait l'or des cavernes chez les *Dardes* (le pays de *Darada*, en sanscrit : *dara*, caverne, excavation). Il y a sans doute là une confusion portant sur quelque mot local mal interprêté, et traduit par « fourmi » dans Hérodote (8) et dans le mahâbhârata (*pipitika*) (9), car nous savons que, sur l'Ava, on exploite aujourd'hui encore des sables aurifères avec les cornes poilues du *tsaim*, espèce de Nilgau ; les paillettes d'or adhèrent facilement à la surface velue de ces cornes qui se vendent ainsi chargées d'or (10).

Quoi qu'il en soit, à une date fort reculée, il y avait un mouvement commercial considérable entre l'Arabie et les côtes de la Carmanie et de la Gédrosie (*Gadrosia, Kedrosia*) habitée par les Kâdraveyas des traditions indiennes, kouschites que *Lassen* a identifié avec les *cophènes* de l'ethnographie mythique, ayant leur point de départ dans le Caboul, et leur point d'arrivée sur les côtes orientales de la Méditerranée (11).

Le commerce de la myrrhe et du cinnamome cité à une date, il est vrai, beaucoup plus récente témoigne encore de l'activité phénicienne dans ces régions (12).

Agatharchide parle des voyages fréquents des navires de la Carmanie, depuis Ormuz jusqu'aux pays des *Sabéens*, et Lassen a prouvé que l'initiative de cette navigation provenait des nations établies sur la côte occidentale du golfe Persique et de la mer des Indes. Malgré le manque d'expérience, et l'insuffisance

---

(1) Tavernier, *Voyages*, vol. I, p. 233. — (2) Horsburg, *memoir. in Bahrain, asiat. journ. for British India*, vol. 6, p. 465. — (3) A Syracuse, Fazelli, *de rebus sicul*, à Cuba : Humboldt, *Cosmos*, t. I, p. 320, éd. allem. — (4) *Nombres*, XXXIII, p. 42. — (5) *Nombres*, XXVI, 23. — (6) St-Jérome, *onom.*, *Phinon*, *Fenon*. — (7) Pline, VII, p. 57. *Pomponius Mela*, l. II, ch. 8, voyez à ce sujet un curieux passage d'Eschyle concernant l'Erytlirée et les Kouschites, cité par Strabon, l. I, c. II, 27. *Eschyle* fragm. Didot, p. 190, 191. — (8) Hérdotoe, III, c. 104, 105. — (9) *Mahâbhârata, sabha-parva*, tr. *Fauche*, vol. II, p. 513. — (10) J. Prinseps, *asiat. res.* vol. 18, p. 281. — (11) D'Eckstein, *de quelques légendes brahmanique*, *jour. asiat.* vol. VI, 5e série, 193. — (12) Hérodote, l. III, c. II. Théophraste, *hist. plant*, IX, 4. *proverbes*, VII, 17. *Cant.*, IV, 14. *Exod.* XXX, 23. *Arrien, exp. d'Alex.*, l. VI, c. VII. Ezéchiel, XXVII, 15. Isaie, XXI, 13-15.

d'un matériel naval sans doute peu perfectionné, ces voyages ont dû être singulièrement facilité par les vents réguliers qui soufflent dans ces parages. Il est à présumer que le phénomène des moussons a puissamment aidé la navigation le long des côtes méridionales de l'Arabie, précisément orientées suivant la direction des vents généraux. M. Reinaud a prouvé, dans son mémoire sur le périple de la mer Érythrée, que la découverte des moussons n'a eu lieu qu'à une époque relativement récente, mais il doit être bien entendu qu'il ne peut être question à ce propos que des Grecs d'Alexandrie, il n'est pas possible d'admettre que les marins indigènes aient jamais pu méconnaître un phénomène si évident et si constant.

A l'époque où écrivait Arrien, les phéniciens réglaient leur navigation sur la petite Ourse, tandis que les autres nations se conduisaient d'après les indications de la grande Ourse (1). Si l'on fixe vers 2500 ans avant Jésus-Christ, l'arrivée des phéniciens sur les côtes de la Méditerranée, on ne peut regarder cette assertion comme exacte, car alors, à cause de la précession des équinoxes, le pôle du monde venait passer très près de l'étoile α de la queue du Dragon. Nous savons du reste que les astronomes chinois ont mentionné ce fait vers cette époque, sous le règne de l'Empereur *Hoang-Ti*. Mais, vers le XIVe ou le XVe siècle avant Jésus-Christ, époque à laquelle pouvait remonter les traditions tyriennes recueillies par Arrien, c'était en effet l'étoile β de la petite Ourse qui était devenue la polaire, et qui, en raison de son éclat, devait servir de guide jusqu'aux alentours de l'ère chrétienne. La grande Ourse n'a jamais pu indiquer le Nord qu'avec une très grossière approximation : depuis les temps les plus reculés l'axe de la terre n'a cessé de s'en eloigner.

Également habiles à diriger les navires et à conduire les caravanes, les phéniciens, guidés par leur étonnant instinct du commerce, s'appliquèrent toujours à suivre les chemins les plus sûrs, et à choisir les routes les plus directes et les plus économiques. Probablement restés en relation avec les pays d'où ils avaient si souvent porté à l'Égypte les marchandises de l'Orient, l'étain, le bronze, le *kesbet*, que cette dernière substance, avec la signification d'étain, ait été empruntée aux filons du Bamian, ou, avec le sens de Lapis, aux mines des rives de l'Indus ou de l'Oxus, ils conservèrent incontestablement le monopole du commerce avec l'Egypte, lorsqu'ils se furent définitement installés sur les côtes de la Syrie.

Non contents de faire ainsi profiter l'Égypte de leurs relations commerciales dans l'Asie centrale, il se chargèrent aussi d'organiser des caravanes pour aller chercher les métaux et les productions du Caucase. Mais la route de terre vers cette région leur ayant été fermée, lorsque les peuplades jadis indépendantes qui occupaient la vallée de l'Euphrate eurent été réunies sous la même domination, profitant de l'expérience acquise dans la navigation des mers arabiques, ils lançèrent leurs navires sur les eaux de la Méditerranée. C'est ainsi qu'ils parcoururent la mer Egée, franchirent le Bosphore, cotoyèrent la rive

---

(1) ARRIEN, *de rebus Alex.* VI, 29, 9. v. EUSTATHE, *com. Dion orb. descr.* Didot, *géog. min.*, vol. II, p. 374.

méridionale du Pont Euxin et allèrent demander aux Colchidiens et aux Caspiens les produits de leur sol et de leur industrie. Mais, vers le milieu du XVe siècle avant notre ère, la formation de la marine Pelasgique les ayant contraints de renoncer au commerce maritime avec les régions du Caucase, ils allèrent demander, aux contrées de l'Occident, l'étain qu'ils étaient désormais impuissants à trouver dans le nord.

La Carmanie. — En voyant aujourd'hui si peu peuplés, si infertiles, si pauvres en combustibles, les pays qui se nommaient autrefois la Carmanie et la Drangiane, on pourrait douter que les anciens aient jamais pu y trouver des routes à suivre et des marchandises à échanger. Rien n'est cependant plus certain, e bien que Heeren (1) doute de l'existence de la route indiquée par Brehmer, à travers la Carmanie, avec la Gédrosie pour objectif, cette route existait cependant, non pas vers la Gédrosie où il n'y avait sans doute pas de commerce à faire, mais vers la Drangiane et l'Indou-Kousch riche en métaux.

Partant d'*Ormuz* ou de *Sidodona*, cette route franchissait la chaine côtière, se dirigeait sur *Carman* pour gagner *Prophtasia* sur l'*Hilment*, puis *Ortospana*, et de là, atteindre les sources de l'*Hilment* du *Cophène*, de la rivière de *Caboul*, le pays de *Bamian* et le *Badakschan*. Elle rencontrait le chemin qui, venant par *Paucela* de la vallée de l'Indus, et par *Maracanda* de l'Asie du N.-E., se dirigeait vers l'Assyrie par *Alexandrie*. Les Kouschites ont dû, d'ailleurs, rester longtemps en possession des routes de la Carmanie, car au temps des Sassanides, l'orient du pays portait encore le nom de *Kusan* (2).

La Carmanie était un pays plat, sablonneux sur quelques points, fertiles sur d'autres. Du côté d'Ormuz principalement la plaine était magnifique, on y cultive encore aujourd'hui la vigne et l'olivier et les troupeaux y donnent une laine très fine (3). Les fleuves y roulaient de l'or (4), on y trouvait des mines d'argent, de cuivre et de cinabre (5), le plomb y est, du reste, encore exploité (6). On y produisait autrefois du minium (7) et on y rencontrait des pierres précieuses, de l'albâtre (8), de l'onyx (9), des astéries (10) et des céraunies (11). L'albâtre et la matière première des *vases murrhins*, sans doute le *spath-fluor*, y étaient les plus beaux du monde (12). Il y avait donc là les éléments d'un commerce important, mais, comme pour beaucoup d'autres pays, jadis prospères et maintenant ruinés, la décadence arriva avec la conquête musulmane, et, suivant *Ibn-Khordabeh*, écrivain arabe du IXe siècle, la Carmanie qui, sous la dynastie des Sassanides, fournissait au trésor plus de 60 millions de dirhems, ne payait plus de son temps que 5 millions de dirhems d'impôts (13).

La Drangiane et l'Indou-Kousch. — Pour arriver aux mines d'étain, il fallait

(1) HEEREN, *polit. et com. des peuples de l'ant.* vol. III, p. 488, — (2) RAWLINSON, *Hérodote*, vol. IV, p. 221. — (3) HEEREN, *polit. et com. des peuples de l'ant.*, t. I, p. 353-355. (4) PLINE, VI,XXVI, 3. — (5) STRABON, Didot, p. 618, XV, 11, 14. EUSTATHE, *com. Dion.* Didot, t. II, p. 397. — (6) GIBBON'S, *routes in Kerman and Khorasan*, jour. of the, roy. géog. soc., vol. II, p. 141. — (7) PLINE, XXXII, XI, 1. — (8) PLINE, XXXVI, XII, 2. — (9) PLINE, XXXVI, XII, 1. PLINE, XXXVII, XXIV, 1. — (10) PLINE, XXXVII, XLVII, 2. — (11) PLINE. XXXVII, LI, 1. — (12) PLINE, XXXVII, VIII, 1. — (13) *Ibn-Khordabeh, le livr des routes et des provinces*, trad. *Barbier de Meynard, jour. asiat.*, 6e série, vol. 4 p. 244.

traverser, comme je l'ai dit plus haut, le pays des *Dranges* chez lesquels, d'après Strabon, naissait l'étain : ... γίγνεσθαι παραυτοῖς κασσίτερος. Ces Dranges n'ont pas une histoire bien connue, on les trouve mentionnés dans divers auteurs sous les noms de *Dranges*, *Saranges*, *Zarangéens*, *Drangiens* *Drances*, *Dranganiens* et *Sarangiens*. Le radical de ces noms semblent être *zaré*, étang, marais, à cause du lac placé sur leur territoire, dans lequel viennent se perdre les eaux de l'Hilment (1). Les inscriptions de Darius les nomment *Zaraka* (2), et Burnouf (3) fait venir ce mot du zend *zarayo* mer, ce qui nous reporte à l'étymologie proposée plus haut.

A l'époque où régnait Darius, les Dranges semblent avoir été fort civilisés, d'après ce qu'en dit Hérodote (4). Ils habitaient tout le pays situé entre la Carmanie et les montagnes, et paraissent même en avoir occupé les défilés, car on en cite quelques cantons sur le versant septentrional (5), du coté de l'Arie. Ils furent soumis par Alexandre (6) et, dans les siècles suivants, nous savons qu'ils eurent à soutenir de nombreux combats contre les Bactriens (7). Leur ville principale était *Prophtasia* (8), nommée ainsi par Alexandre, car auparavant elle portait le nom de *Phrada* (9), c'est dit-on, la *Zarang* d'aujourd'hui (10) ; Isidore de Charax cite en outre les ville de *Parin* et de *Coroc* (11).

Au temps d'Alexandre, les bords du lac de la Drangiane étaient habités par les *Arimaspes* dont, d'après M. *d'Eckstein*, le véritable nom était *Ariaspes* (12). On a proposé, pour expliquer l'origine du nom de ces Arimaspes, si célèbres dans le mythe métallurgique des griffons, des étymologies qui leur donnent la signification de « cavaliers » ou de « montagnards » en les supposant de race aryenne. Le caractère et le rôle que l'histoire leur attribue sembleraient plutôt dénoncer une origine kouschite ou sémitique, et, dans ce cas, leur nom, rapproché des mots hébraïques : *arah* cueillir et *matséphounim*, trésor (de *tsapan*, cacher), pourrait signifier « chercheurs d'or. » Le nom de *caci-lari* qui leur a aussi été donné (13) paraît composé d'éléments empruntés aux langues aryennes et peut-être comparé aux mots sanscrits *catch*, briller et *dari* caverne, excavation, mine, ce qui fournirait une explication analogue.

La vallée de l'Hilment qu'occupaient les Dranges est devenue à peu près infertile, mais les historiens arabes du moyen-âge en ont tracé un tableau séduisant : les bords du cours d'eau étaient couverts de villages et de jardins magnifiques irrigués par des pompes mues à l'aide de moulins à-vent (14).

Partant de la mer Erythrée, nous avons donc marché vers l'Orient, traversant des territoires susceptibles, dans l'antiquité, d'avoir été le théâtre d'un grand commerce et d'avoir nourri une nombreuse population, quelque déchus qu'ils

---

(1) Rawlinson, *Notes on Seistan, jour. of the roy. géog. soc.*, vol. 43, p. 273-274. — (2) Rawlinson, *hérodote*, vol. IV. p. 213 — (3) Burnouf, *Commentaire sur le Yaçna*, p. xcviii. — (4) Hérodote, lxvii. — (5) Strabon, XI, c. x, 1. — (6) Justin, l. XII, 5. — (7) Justin, l. XLI, 6. — (8) Pline. VI, xxv. 3. — (9) *Fragm. hist. gr.*, Didot, vol. 3, p 643-645. — (10) Heeren, *Polit. et com. des peuples de l'ant.* vol. 2, p. 482. — (11) Isid Char., Didot, p. 253. — (12) d'Eckstein, *les origines de la métallurgie*, Athenœum français 1854, p. 777. — (13) Pline, VII, ii, 2. — (14) Maçoudi, *les prairies d'or*, tr. *B. de Meynard*, vol. 2, p. 80. Aboul-Féda, tr. *Reinaud*, vol. 2, p. 75.

soient aujourd'hui. Mais la Carmanie et la Drangiane ne s'étendaient par jusqu'au pays de Bamian, jusqu'à l'Indou-Kousch, où se trouvent les mines d'étain.

En disant que l'étain était « engendré » au pays des Dranges, Strabon voulait sans doute dire que le commerce de ce métal était entre leurs mains. Or nous avons vu que leur nom s'explique par le zend ou le persan; de son côté, Étienne de Byzance dit qu'ils vivaient à la manière des Perses (1). Ils étaient donc de race iranienne, et il est bien certain qu'à l'époque où les Pheniciens vivaient encore sur la rive occidentale du golfe Persique, les tribus iraniennes ne s'étaient pas encore avancées jusque dans la vallée de l'Hilment, l'*Haetumat* de l'Avesta. A cette époque, les kouschites devaient donc occuper le pays jusqu'à l'Indou-Kousch et, s'ils étaient de cette race, comme je l'ai suggéré plus haut, ces *Ariaspes* ou *Arimaspes* que nous trouvons encore, dans des temps plus rapprochés de nous, campés sur les bords du grand lac de la Drangiane, constituent peut-être, un ilot, un témoin resté debout de ces populations antéaryennes qui unissaient dans la haute antiquité, les gorges du Bamiau aux rivages de la mer Erythrée.

Dans les environs du pays qui renferme les mines, se trouvent encore d'étranges ruines, les montagnes des environs sont trouées d'un nombre infini de cavernes ayant servi d'habitation. Une de ces montagnes se nomme « la ville de *Ghoulghoula* » et passe pour avoir été creusée sous le règne d'un roi nommé *Djoubal* (2). Cette ville fut, dit-on, détruite par *Gengis-Khan* en 1220 (3). Plus loin, dans un endroit nommé *Siggan*, se trouvent les ruines d'une forteresse qu'on fait remonter au temps d'Alexandre. Près de Bamian se rencontrent aussi des ruines attribuées à *Zohak-Shah* (4). Des cavernes existent aussi sur les flancs de beaucoup de montagnes du coté du *Badakschan*, particulièrement à *Mohi*, sur la route de *Balkh* (5).

Deux idoles énormes, ayant au moins trente mètres de hauteur, taillées au fond d'une excavation à ciel ouvert pratiquée dans la paroi des rochers, se trouvent sur les hauts sommets du pays de Bamian. D'après Johnston (6), l'une se nomme *King-but* (image grise), l'autre *Surkh-but* (image rouge). *Farhani-Tihangul* nomme la première *Yawac*, la deuxième *Yaghos* (7), d'autres leur donnent les noms de *Manat* et de *Lat*. On a aussi trouvé des figures colossales en pierre, du même genre, près du village de *Métsopan* aux environs *d'Ardud* sur les pentes du *Belor*, elles sont attribuées aux *Kaffirs* (8).

On fait ordinairement remonter l'origine de ces excavations et l'érection de ces statues colossales à l'époque où le Boudhisme dominait dans la contrée, mais je crois qu'il faut aller chercher plus haut l'origine de ces énormes travaux. S'il est vrai, comme le dit *Veniukoff* (9), que ces idoles sont citées dans *Mahâbhâ-*

---

(1) Etienne de Byzance, p. 244, v. Δράγγαι. — (2) Burnes, *jour. as.*, 3e série, vol. 4, p. 411. — (3) Masson, *antiq. of Bamian, journ. of the as. soc. of Bengal*, vol. 5, p. 707. — (4) Masson, *antiq. of Bamian, jour. of the as. soc. of Bengal*, vol. 5, p. 90. — (5) *Asiat. journ. for Britihs ind.*, vol. 6, p. 339. — (6) Johnston, *Dict. arabe-persan.* — (7) *Asiat. journ. for British ind.*, vol. 6, p. 339. — (8) Veniukoff, *on the Belors, jour. of the roy. geog. soc.*, vol. 36, p. 270. — (9) Veniukoff, *on the Belors, journ. of the roy. géog. soc.*, vol. 36, p. 270.

rata, leur antiquité pourrait remonter aux temps où les kouschites habitaient ce pays, car, depuis l'invasion aryenne dans les vallées du Kaboulistan, jusqu'à l'époque où remonte la rédaction du Mahâbhârata, les indiens n'ont pas montré d'aptitudes artistiques assez prononcées, ni fondé dans le pays de Bamian d'établissements assez stables, pour qu'on puisse leur attribuer de semblables travaux.

Tout s'accorde donc pour nous faire penser qu'à une époque extrêmement reculée, et qu'on peut faire remonter au moins au xxve siècle avant notre ère, le Bamian, la Drangiane, la Carmanie ainsi que les parages d'Ormuz et des îles Bahrein étaient le théâtre d'une grande activité commerciale et métallurgique. L'étain arrivait facilement de l'Indou-Kousch jusqu'aux rivages arabiques, soit que les habitants de la montagne l'y apportassent eux-mêmes, soit que les Phéniciens l'y allassent chercher. Des caravanes traversaient l'Arabie par la route dont j'ai plus haut indiqué les jalons, pour arriver, par l'isthme de Suez, jusqu'en Égypte ; et ce trajet dût s'effectuer encore longtemps après que les Phéniciens eurent fondé leurs établissements définitifs sur les côtes de la Méditerranée.

Les Madianites. — Après les Phéniciens, et peut-être aussi concurremment avec eux, les Madianites faisaient le commerce de l'étain et apportaient ce métal en Égypte. A demi Égyptiens et à demi Araméens, ils appartenaient à cette grande race des *Amalikâ*, les Amalécites de la Bible, qui occupait le nord de l'Arabie. La bible les fait descendre d'Abraham et de Céthura qui était elle-même égyptienne, mais cette géologie doit avoir été forgée après coup, puisque nous savons, par d'autres sources, qu'au temps où vivait Abraham, ils formaient déjà une nation nombreuse. Il en est, du reste, de même des Edomites, auxquels la Genèse donne pour père Esaü, et que les documents égyptiens mentionnent dès la xiie dynastie, bien des siècles avant la naissance du fils d'Isaac.

Au temps de Joseph (1), les Madianites passaient par la Palestine, et venaient de l'Orient, pour porter en Égypte les épices, le baume, la myrrhe et les autres produits de l'Inde et de l'Arabie. A l'époque de Moïse, quand les Hébreux leur infligèrent une première défaite, on fit sur eux un énorme butin (2) en or et en bestiaux. A la suite de la victoire, toutes les substances métalliques furent purifiées par le feu et on nomme à ce sujet l'or, l'argent, le cuivre ou l'airain, le fer, l'*étain* et le plomb ; c'est la seule liste complète des métaux usuels qui se trouve dans l'ancien Testament (3). Dans plusieurs passages, la bible cite leurs richesses et leurs innombrables chameaux (4), dans d'autres endroits elle leur donne le nom d'Ismaélites, quoique cette désignation ne leur appartienne pas, et, lorsque Gédéon les anéantit, elle fait observer qu'ils portaient des anneaux d'or à leurs doigts. Le poids de ces anneaux, recueillis après la victoire, fut de 1700 sicles d'or (5), ce qui correspondrait à plus de 25 kilogr. d'or, en comptant le sicle à 15 gr. Il est vrai que leur armée se montait à 135000 hommes (6), mais

(1) *Gen.*, XXXVI, 25-28. — (2) *Nomb.*, XXXI, 32-52. — (3) *Nomb.*, XXXI, 22 (voy. Ezech., XXII, 18). — (4) *Juges*, VI, 3, 5. VII, 12. Isaïe, LX. 6. — (5) *Juges*, VIII, 24-26. — (6) *Juges*, VIII, 10.

il faut sans doute faire à l'égard de ce chiffre la part de l'amour-propre du vainqueur. Après que Gédéon eût saisi et tué les deux rois de Madian, Zebah et Tsalmunah (1), il s'empara des colliers et des *Saharonim* d'or que portaient leurs chameaux (2). C'étaient des images lunaires, des croissants, symboles très repandus parmi tous les peuples adonnés au culte d'*Astarté*. Du reste, les femmes israélites ne dédaignaient pas de porter les emblèmes des déesses de la Phénicie et de l'Assyrie (3), et, comme les phéniciennes, se paraient volontiers de *Saharonim*.

D'après la richesse des Madianites, la situation de leur territoire, la direction de leurs voyages, la provenance des marchandises dont ils trafiquaient, on peut regarder comme certain qu'ils faisaient aussi le commerce de l'étain, sinon avec les Israélites qui ne paraissent pas avoir jamais apprécié la valeur de ce métal, du moins avec les Égyptiens. Cet étain ne pouvait être que celui de l'Indou-Kousch, qui ne cessa de se répandre à l'Occident de l'Asie qu'à peu près à l'époque où les Madianites eux-mêmes furent exterminés par les Israélites. C'est, en effet, vers le même temps que les Phéniciens, déjà privés par les Assyriens du commerce avec le Caucase, gênés par les Grecs dans leurs expéditions maritimes vers la mer Noire, se lançèrent à l'Occident de la Méditerranée et vinrent, à l'extrémité méridionale de l'Espagne, fonder *Gadès* qui leur servit de base d'opération pour le trafic de l'argent et pour celui de l'étain.

D'un autre côté, sous le règne de Salomon, c'est-à-dire un siècle et demi après, quand les Phéniciens et les Israélites armèrent ensemble des navires pour faire directement le commerce avec l'Inde, ces voyages qui devinrent si fructueux, ne furent pas utilisés pour le commerce de l'étain, ce qui eût été relativement facile. Ainsi, dix siècles avant Jésus-Christ, l'étain cesse de venir de l'Indou-Kousch ou du Caucase : l'Europe occidentale va désormais le fournir.

J'ai dit plus haut que les Hébreux semblent n'avoir jamais apprécié la valeur de l'étain, on peut ajouter qu'ils n'en eurent jamais besoin. Au sortir de l'Égypte ils habitèrent longtemps le désert et séjournèrent d'abord, pendant quelque temps, dans la région du Sinaï. Là, Moïse ne manqua sans doute pas de s'emparer des mines, et de faire fabriquer, par les colons qui habitaient les villages construits autour des exploitations, les objets du culte, les instruments et les outils. Ils étaient donc pourvus de tout ce qui leur fallait de ce côté ; du reste, à en juger par les offrandes, ils avaient des troupeaux, de la farine, de l'huile, des parfums, ce qui donne à penser que leur souffrances ont été singulièrement exagérées ; ils n'étaient pas d'ailleurs, dans une plus mauvaise condition que les peuples qui vivaient autour d'eux et qu'ils eurent à combattre.

Aussitôt arrivés en Palestine, leurs voisins les Phéniciens leur fournirent des métaux, et principalement du bronze, en échange des produits de leur sol. Il est donc fort probable qu'ils n'eurent jamais occasion d'employer ou de rechercher l'étain. On a dit cependant que la soudure leur était connue en s'appuyant sur ce passage d'Isaïe : « celui qui polit au marteau encourage celui qui frappe sur l'enclume et dit de la soudure : elle est bonne (4). » Le mot *debeq* employé

(1) *Juges*, VIII, 5. — (2) *Juges*, VIII, 21. — (3) ISAIE, III, 18. — (4) ISAIE, XLI, 7.

ici pour soudure, vient d'une racine *daba* qui veut dire *être attaché* et s'applique, d'après le texte même, à la soudure au marteau, c'est-à-dire à la soudure du fer au fer effectuée à la chaleur blanche, et non à celle qu'on détermine par l'intermédiaire de l'étain.

Il n'est donc pas étonnant que les Hébreux n'aient jamais eu une idée bien nette des propriétés de l'étain et qu'ils aient donné indifféremment à ce métal le nom de plomb et au plomb le nom d'étain. Le seul mot de leur langue qui ait incontestablement le nom d'étain est le mot *bedil* (1), et nous avons vu plus haut que les peuples placés au Nord de la Palestine, ainsi, sans doute, que les Kouschites, et les Phéniciens, donnaient à ce métal le nom d'*anaq* ou *anak*. Or ce mot apparait dans la Bible avec le sens de plomb, ou plutôt avec celui de pesanteur (2). C'est le fil à plomb, la pierre pesante, celle qui assure au fil du niveau une position verticale correspondant à l'horizontalité de la base. C'est aussi, avec cette acception, l'emblème de la destruction des villes, le niveau étant lui-même souvent désigné sans indication de métal (3). La *pierre de plomb* apparait, avec cette signification, dans Zacharie (4) et la *pierre d'étain*, avec le même sens, dans un autre passage du même auteur (5); la confusion des deux métaux est ainsi complète.

Quant au passage d'Isaïe dans lequel le mot *bedil* est employé au pluriel, je démontrerai plus loin, en parlant de l'étain celtique, que la signification métallique ne peut lui être attribuée.

VII. — L'ÉTAIN DANS L'EUROPE OCCIDENTALE.

Tharsis. — Date perdue dans l'histoire, la fondation de *Gadès,* en Espagne par les Phéniciens de Tyr, inaugura une ère nouvelle dans le commerce de l'étain et détermina un courant contraire à celui qui, jusqu'alors, avait apporté ce métal à l'Assyrie, à l'Égypte, aux nations de l'Asie antérieure et de la Méditerranée orientale. Dans leur mouvement vers l'Occident, les Phéniciens mirent un temps considérable pour atteindre l'Espagne et s'y établir. De *Cambé*, fondée vers le XVIe siècle, sur l'emplacement qu'occupa plus tard Carthage, ils eurent sans doute plus d'une occasion d'aller explorer ces côtes, d'y trafiquer et même d'y installer d'éphémères comptoirs, pour échanger leurs marchandises contre les productions du sol, surtout contre l'argent dont l'abondance était extrême. Il est certain que, quand Gadès fut fondée, les Tyriens étaient parfaitement au courant des ressources du Midi de l'Espagne. Le récit de Strabon indiquant que Tyr s'y prit à trois fois pour fonder un établissement au-delà des colonnes d'Hercule, est une preuve de la résistance qu'opposèrent les habitants à la colonisation tyrienne.

Tharsis était, en hébreu et en phénicien, un mot vague par lequel on dési-

(1) *Nomb.*, XXXI, 22; Ezéchiel, XXII, 18. — (2) Amos, VII, 7. — (3) II, *Rois.* XXI, 23; Isaie, XXXIV, 11. — (4) Zacharie, V, 8. — (5) Zacharie, IV, 10.

gnait les contrées maritimes de l'Occident (1); « vaisseaux de Tharsis » était une expression qui repondait à notre appellation de « navires au long cours » (2). Cette épithète est appliquée aux navires qui voguaient d'Asiongaber à l'Ophir Indien (3), et l'opinion de Saint-Jérôme est que *Tarsis* signifie « mer » (4). On trouve ce mot sous la forme *Turcha* dans les documents égyptiens, vers le XIVe ou le XVe siècle avant Jésus-Christ, et, à cette époque, « les *Turchas de la mer* (5) » qui partaient de l'Asie mineure pour aller ravager les côtes de l'Égypte, se servaient d'armes de bronze. Il s'agit des populations que l'antiquité classique nomme les *Tyrrhéniens*; alliés aux *Shardanes*, aux *Philisti*, aux *Dardaniens*, aux *Mashouash*, ils s'étaient à plusieurs reprises et pendant plus d'un siècle, rués sur l'Égypte sans parvenir à l'entamer. Complétement défaits sous Rhamiès III, vers la fin du XIVe siècle, leur confédération se rompit, les *Philistis* s'emparèrent des côtes de la Palestine et s'y établirent, tandis que les *Tourchas*, prenant la route de l'Italie, allèrent former au nord du Tibre une puissante nation maritime.

De race Pélasgique comme les Philistis (6), les *Tourchas*, en grec *Turrhênoi* ou *Tursênoi* (7), portaient un nom qui, ainsi que celui de *Tarchon*, leur héros éponyme (8), peut trouver son explication dans le sanscrit, langue apparentée de très près à la leur. Cette épithète de « tourcha de la mer » s'y retrouve en effet sous les dénominations suivantes : *tarîcha* mer, *tarcha* radeau, *tîras* au-delà, *taras* rivage. Ce sont les hommes de la *mer*, les hommes d'*au-delà*, du *rivage* lointain, les hommes des *navires*. *Tarsos* en grec, signifiait un ensemble de rames, et en Armoricain, *tars* désigne encore un *coup de mer*.

La dénomination de *Tharsis* passa de l'Italie à l'Espagne (9), et cette identification fut sans doute facilitée par une certaine analogie entre ce mot et le nom que se donnaient les habitants primitifs de l'Espagne méridionale, les *Turdules* ou *Turditains*. Jérémie dit que l'argent vient de Tharsis (10); « ceux de Tharsis, s'écrie le phrophète Ezéchiel (11), trafiquaient avec toi (Tyr) en fer, en étain, en argent; » et quand Jonas, peu soucieux d'aller à Ninive, préféra s'enfuir « de devant la face d'Yahveh » il se rendit à *Japho* (Joppé) et partit pour Tarsis (12), à bord d'un navire phénicien. Une inscription trouvée dans le pays même, donne à la Bétique le nom de *Tellus pulcherrima Tarsis* (13).

Ainsi, les Phéniciens avaient abordé Tarsis ou l'Espagne par le point le plus éloigné de la partie où se trouvaient les mines d'étain. Cette partie, la Galice actuelle, n'était pas éloignée de la Celtibérie et, comme l'indique son nom même, le fonds de sa population était celtique. Les celtes eux-mêmes s'étaient avancés bien plus au sud, ils touchaient à la Turdétanie et s'étaient répandus dans

(1) Heeren, *De la polit. et du com. des peuples de l'ant.*, vol. 2, p. 469. — (2) Vincent, t. II, p. 638. — Munk, *Palestine*, p. 295, note. — (3) I *Rois*, X, 22. XXII, 49. II, *chron.*, IX, 21, XX, 36. — (4) St-Jérome, *ad Isaiam*, Paris, 1704, t. III, col. 28. — (5) de Rougé, *Mémoire sur les attaques dirigées contre l'Égypte*, *Revue archéol.*, t. XVI, p. 39. — (6) Hellanicus, *Fragm. hist. grecs*, Didot, vol. 1, p. 45. *Phoronis*, § 1. — (7) Noel des Vergers, *L'Etrurie et les Etrusques*, vol. 1, p. 107, note. — (8) Noel des Vergers, *L'Etrurie et les Etrusques*, vol. 1, p. 150. — (9) Isaïe, XXII, 1, 6. — (10) Jérémie, X, 9 — (11) Ezéchiel, XXVII, 12. — (12) Jonas, I, 3. — (13) Gruter, *Insc. lat.*, p. 917. —

4

l'angle formé par le *Tage* et l'*Ana* (la Guadiana) (1), de sorte que, de bonne heure, les Phéniciens durent se trouver en contact avec des populations fortement imprégnées d'éléments celtiques.

La renommée des mines du Nord-Ouest leur parvint donc bien longtemps avant qu'ils fussent en état d'y aller eux-mêmes par terre ou par mer, et les Galiciens durent leur fournir l'étain qu'ils exploitaient dans leurs montagnes. Il me paraît en effet bien certain que les populations de race celtique qui s'étaient répandues dans le Cornwal, l'Armorique, le Limousin, la côte Cantabrique et la Galice, et qui connaissaient l'étain en arrivant de leur premier séjour dans l'Asie centrale, surent en découvrir et en exploiter eux-mêmes les gisements. L'histoire du reste nous parle du commerce de l'étain du Cornwall bien avant l'arrivée des Phéniciens, et les Celtes possédaient, pour désigner ce métal, deux mots dont les analogues se retrouvent en sanscrit. Alors que, faute de trouver l'étain sur le territoire où elles s'étaient fixées, la plupart des autres races Indo-Européennes en avaient oublié le nom, les Celtes, grâce à leurs mines, en avaient conservé le souvenir.

Les Phéniciens, hommes de commerce, familiers avec les langues étrangères reçurent l'étain des indigènes de la Galice, avec son nom celtique, et le transmirent à leurs clients avec cette dénomination. C'est ainsi que les peuples de race aryenne imposèrent aux Assyriens le nom qu'ils donnaient à l'étain de l'Indou-Kousck : *kastira*; c'est de la même manière que ce nom passa par l'intermédiaire des Phéniciens et des Madianites aux arabes qui nomment encore l'étain *kasdir* et, par le Somâl et l'Abyssinie, aux populations du Darfour qui ont conservé ce nom sous la forme *kesdir*.

Les mineurs qui tiraient l'étain des filons du Nord-Ouest, avaient donc deux noms pour désigner ce métal, l'un a donné le latin *stannum* d'où sont venus presque tous les noms européens actuels, l'autre à fonrni l'anglais *pewter* le Scandinave *piatr*, le vieux français *peautre*, etc. Le premier, qui s'est facilement latinisé, était sans doute pour les Phéniciens d'une plus difficile assimilation que le second. Celui-ci dont nous trouvons les représentants dans les langues néo-celtique sous les formes suivantes : kymr. *ffeudur*, erse, *féodar* et *péodar*, irland. *péodar*, *peatar*, devait sans doute, à l'origine, se rapprocher davantage du sanscrit *pâtira* qui lui correspond. Il présentait alors une certaine ressemblance et par suite une grande facilité d'assimilation avec le mot phénicien ou hébreu *bedil*, qui signifie *scorie* ou *écume*, littéralement, « à séparer », de la racine *badal*, séparer. On a un exemple de cette signification dans Isaïe. « Je porterai ma main sur toi, je fonderai ton écume, et j'enlèverai tes scories », (.... *veasirah kal bedilaïn*) (2). Tous les traducteurs de la bible ont rendu le mot *bedilaïn* par étain ou plomb, mais le sens de la phrase indique bien qu'il s'agit de *scories* et cela est d'autant plus probable que le mot est au pluriel, ce qui ne s'expliquerait guère s'il était question d'un métal. A propos d'un passage de Zacharie (3), Saint-Jérome rapporte ce même mot à la racine

---

(1) Strabon, l. III, ch. vi. — (2) Isaïe. — (3) Zacharie, IV, 10.

badal, mais il en tire des conséquences théologiques étrangères à ce mémoire (1).

Le mot celtique *pâtîra* s'identifia donc facilement avec le mot phénicien *bedil* scories, et les commerçants phéniciens durent faire cette assimilation avec d'autant plus de facilité que, dans l'antiquité, l'étain passait pour être la scorie de l'argent, un argent de qualité inférieure. « L'argent est la souillure de l'or et l'étain la souillure de l'argent », dit le mahâbhârata (2) ; « des scories du germe sont nés le plomb et l'étain », lit-on dans le ramayana (3) ; on disait en sanscrit pour exprimer l'étain : *kurupyah*, quel argent ! mauvais argent ; « de l'airain, de l'*étain*, du fer, du plomb dans un creuset, ce sont des scories d'argent » (4).

Ainsi le mot *bedil* reçut en Palestine la signification d'étain, quand ce métal y fut apporté d'Espagne par les Phéniciens, c'est-à-dire vers le règne de Saül au plus tôt. La présence de ce même mot dans le livre des *Nombres* est une nouvelle preuve que le texte actuel a été rédigé à une époque bien postérieure à Moïse, ce qui, du reste, n'est plus contesté aujourd'hui par personne.

Au lieu de venir du celtique, comme Pictet l'avait déjà démontré par des considérations un peu différentes, on pourrait penser que *bedil* n'est qu'une altération du sanscrit *pâtîra*. Mais j'ai fait voir plus haut que l'étain provenant de l'Indou-Kousck avait partout emporté avec lui le mot kastira : *kasazattira* en Assyrie, *kositer* en Illyrie, κασσιτερός en Grèce, *kasdir* en Arabie, et *kesdir* en Afrique, c'est donc exclusivement sous cette dénomination que les Phéniciens et les Madianites importèrent l'étain dans l'Asie occidentale, et en particulier dans la Palestine. Par suite, c'est aux langues celtiques que le mot hébréo-phénicien *bedil* doit son origine.

M. Lenormand (5) pense que le mot celtique lui-même a pénétré jusque dans l'Inde et y a seulement revêtu une forme sanscrite. Il invoque à l'appui de cette opinion le témoignage du périple de la mer Erythrée qui mentionne, en effet, une importation dans l'Inde de l'étain breton, vers la fin du premier siècle de notre ère. Mais nous sommes en ce moment à une époque de plus de mille ans antérieure, et, à moins de donner des preuves positives que ce mot *patîra* n'existait pas alors en sanscrit, je pense que ce que j'ai dit plus haut n'est pas contestable. D'un autre côté, au temps du périple, il s'agissait incontestablement de l'étain du Cornwall, et ce métal ne pouvait être transmis qu'avec la dénomination de *stannum*, nom d'origine, sous sa forme latine, ou sous sa forme celtique, ou avec celle de *kassiteros*, familière aux Grecs d'Alexandrie qui emportaient ce métal. D'ailleurs M. Lenormand, comme M. Pictet, ne croit pas, faute d'une étymologie satisfaisante, que les aryas aient connu l'étain avant eur dispersion. Je pense avoir plus haut, levé tous les doutes à cet égard.

On a cherché, du reste, une étymologie plausible en sanscrit pour le mot *patîra* et M. Pictet a pensé la trouver dans la racine *pat*, s'étendre, avec le sens de ductibilité. Je crois qu'une autre origne est plus satisfaisante et je propose

(1) St-Jérome, *in Zach.* vol. 3, col. 1728. — (2) *Mahâbârata*, *tr. Fauche*, vol. 5, p. 522, *çl.* 1526. — (3) *Ramayana*, *tr. Fauche*, vol. 1, p, 232, XXXIX, 19. — (4) Ezéchiel, XXII, 18. — (5) Lenormand, *prem. civilisat.*, vol. 1, p. 149.

la racine *pat* (avec un *t cérébral* comme celui de *pâtira*) qui signifie *parler ira* étant un suffixe très habituel en sanscrit : *pat-îra* veut dire ainsi « le métal qui parle », dénomination tout-à-fait analogue à celles déjà signalées. Il est à remarquer qu'à Java, le mot « soudure » s'exprime par *patrî*, dont l'origine est assurémeni indienne et dont la parenté avec *patîra* n'est pas contestable.

On a voulu attribuer aux bohémiens, Zingaris, Tziganes, Tchinghianes, Zlotars, etc., métallurgistes et fondeurs d'étain, l'introduction du mot sanscrit *patîra* en Europe ; mais leur apparition dans l'Europe du Nord-Ouest ne date que du xve siècle, et il serait impossible d'expliquer ainsi la présence des dérivés de ce mot dans plusieurs langues, à une époque bien antérieure. Les bohémiens ne connaissaient pas, d'ailleurs, l'étain sous ce nom ; ils le désignent ordinairement dans leur langue par le mot *tschino* (1), cf. sct. *sinhala* étain ou par *ortschitsch* (2), *artchitch*, *arkitchi*, qui correspond au persan *arziz*, plomb, lequel vient de l'arabe *raças*, littéralement « le traceur ».

Cependant le mot en question ne leur est pas tout-à-fait inconnu, ils s'en servent sous la forme *sperton*, *spertano*, (cf. lat. *speltrum*, anglais, *spelter*) pour désigner le zinc (3). On trouve aussi une trace de son emploi, avec l'acception d'étain, dans le mot slavisé *spoïtori* qui veut dire « étameur » (4). Mais il est facile de voir que, loin d'avoir été reçu par leur intermédiaire, ce mot leur a été communiqué, car il est fort corrompu et se rapproche beaucoup plus des formes dérivées : *speautre*, *spelter*, etc., que du sanscrit *patîra*.

Il est un autre terme employé par les bohémiens habitants le pays basque, c'est le mot *tkoua* (5) indentique avec le Géorgien *tqwia*, et qui est resté parmi eux comme un souvenir de leur passage par le Caucase,

Le mot patîra se retrouve dans le Scandinave *piatr*, le hollandais *peauter*, l'italien *peltro*, l'anglais *pewter*, *spelter*, le français *peautre*, *piautre*, et *speautre* qui correspond au bas-latin *pestrum* et aux mots *peurarius* et *peutarius* signifiant « potier d'étain. » Villon dit....... « abusé, m'a fait entendre de vieil mâchefer qui fust peautre » On en trouve la mention dès le xive siècle....... « corrigias....... de stanno, plumbo, *pestro* factas » (6) ;...... « interdicimus ne quisquam cum calice ligneo, vel vitreo, vel stagno, vel plumbo, vel de *peutre* » (7). On voit par ces exemples que le mot *peautre* semble avoir désigné aussi l'alliage dont on se servait pour la confection des vases dits d'étain.

A une époque un peu plus rapprochée de nous, ce mot, comme l'anglais *spelter*, désigne manifestement le zinc. Savot dit que l'*aurichalcum* des anciens est le cuivre teint avec le *speautre* ou *calaem* des Indes (8) et, d'après Hugues Linschot (9), il rapporte que les hollandais ayant capturé, sur les côtes de Malacca, un navire portugais chargé de *calaem*, ce métal, apporté à Paris, fut reconnu être du *speautre*. Aux caractères qu'il lui attribue, fusibilité, dureté,

---

(1) *Dictionnaire de Pott ;* Grellmann, *hist. des Bohémiens.* — (2) Pott, *dict.* — (3) Baudrillard, *les Zlotars, mem. de la soc. d'Anthrop*, 2e série, t. 1, p. 518-562. — (4) Baudrillard, *les Zlotars, mem. de la soc. d'Anthrop.*, 2e série, t. I, p. 543. — (5) Baudrimont, *vocab. des Bohém. habitant le pays basque.* — (6) Du Cange, v. *Pestrum.* — (7) Du Cange, v. *Pestrum.* — (8) Savot, *discours sur les méd. ant.* Paris, 1627, p. 115. — (9) H. Linschot, *De la navigat. aux Indes orient.*, I. 2, ch. xvii.

fragilité, couleur, production de fumées blanches au feu, il est impossible de ne pas reconnaître le zinc. Or, comme nous le verrons plus loin, « calaem » désigne aussi l'étain dans la Malaisie, mais les noms de l'étain et du zinc ont toujours été confondus et le sont encore : par exemple notre mot zinc lui-même n'est qu'une altération de l'allemand *zinn* étain. Le zinc a été connu du reste dans l'antiquité : M. Saltzmann a trouvé ce métal coulé dans l'intérieur de bijoux d'or, dans les fouilles de Camiros. Strabon le désigne positivement sous le nom de *pseudarguros* à propos des mines de Calamine d'Andira (Mysie) (1).

Outre le mot dont il vient d'être question, les mineurs de race celtique, occupés aux mines de Galice, en employaient un autre que l'on rencontre pour la première fois dans Pline, latinisé sous la forme *stannum*.

Voici ce que dit Pline, en parlant du traitement du plomb argentifère « Le « liquide qui coule le premier dans le fourneau est appelé *stannum*, celui qui « coule le second, argent, ce qui reste dans le fourneau, galène. Cette galène « fondue donne le plomb noir avec un déchet de deux neuvièmes » (2). Voici ce qu'il aurait du dire, s'il avait été témoin du traitement : le liquide qui coule dans la première opération (réduction) est appelé stannum, celui qui coule dans la seconde (coupellation) argent, ce qui reste dans le fourneau, litharge. Cette litharge fondue (réduite à l'aide du charbon), donne le plomb noir avec un déchet de deux neuvièmes.

Ce premier liquide qu'il nomme *stannum* (probablement par suite d'une information erronée (3)) est ce que nous désignons aujourd'hui sous le nom de « plomb d'œuvre », (allemand *werk*), le plomb qui va servir à l'*œuvre* de la coupellation pour y être oxydé et converti en litharge, laissant pour résidu métallique, au fond de la coupelle, l'argent qu'il pouvait contenir.

Mais, pour Pline lui-même, *stannum* est bien le nom de l'étain, puisqu'il décrit dans un autre passage le procédé de l'étamage du cuivre à l'aide de ce *stannum*, et qu'il se sert plus loin des mots *plumbum album* (étain), pour désigner le métal dans lequel on plonge le cuivre pour l'étamer (4). Il faut remarquer que Polybe qui décrit soigneusement le procédé d'extraction de l'argent, dans les mines de Carthagène, ne parle pas de ce prétendu stannum (5).

Stannum à fourni tous les dérivés européens. Salmasius écrit *stagnum* (6), et peut-être faut-il rapprocher cette leçon du grec *stagôn* (7). Hesychius traduit ce mot par « fer pur », mais Gelderius lui donne la signification de *stannum celticum* (8).

Les langues celtiques vont nous donner la raison du mot *stannum*, comme elle nous ont servi déjà a expliquer le mot *bedil*. L'armor. et le corn. (9) *stean*, *sten*, *stin*, le kyrm. *estaen* ou *ystaen*, le gaël. *staen*, *staoin*, l'irland.

(1) Strabon, l. XIII, ch. i, 56. — (2) Pline, l. XXXIV, xlvii, 3. — (3) Il n'est pas tout à fait impossible cependant que les fondeurs aient donné le nom d'etain à des plombs d'œuvre d'une grande richesse en argent. — (4) Pline, l. XXXIV, xlviii. — (5) Polybe, XXXIV, ix. — (6) Salmasius, *Pline exercit. Solin.*, 1682, vol. 1, p. 407. — (7) Timée, *Philos. gr. Didot*, vol. 2, p. 42. — (8) Estienne, *Thes.* v. σταγων. — (9) Voy. pour les divers mots autrefois usités en Cornwall : *Pryce, mineralogia cornubiensis Technical terms of tinners*, *London*, in-fº 1778.

stan ne peuvent laisser aucun doute sur l'origine celtique du mot stannum ainsi que M. Pictet l'a déjà démontré. Mais ce savant explique ces mots par le sanscrit *tan* étendre, étaler, avec le sens de ductibilité, ce que je ne crois pas exact. Il me semble beaucoup plus rationnel d'en rapprocher la racine *stan*, résonner, gémir (1) qui a fourni les dérivés *stanana* bruit, *stanita* tonnerre, etc., cf. grec *stonos*, *stenô*, lat. *tinnio*.

Rapprochées du sanscrit *stanana*, bruit, les formes celtiques paraissent contractées : *stean* pour *stenan*, *staoin* pour *stanoin*, *ystaen* pour *ystanen*, et le changement de *ystanen* en *stannum* s'explique aisément, l'*y* prosthétique étant essentiellement mobile.

On retrouve encore en celtique quelques dérivés de cette racine *stan* : *staonard* qui en gaëlique et en irlandais signifie le craquement des vertèbres cervicales et *stannel* ou *stanyel*, d'origine probablement kymrique, désignant en anglais la *crécerelle*. C'est le cri de cet oiseau que le mot explique, comme le fait la qualification qu'il a reçue en histoire naturelle : *falco tinnunculus* comme le français lui-même qui n'est qu'une onomatopée.

Nous verrons plus loin d'autres noms de l'étain se rapprocher des mots exprimant le bourdonnement de la mouche, le rugissement du lion et le cri de la grue, comme nous en avons déjà vus plus haut se confondre avec les désignations de la grenouille et du porc.

Un curieux passage d'Alonzo Barba semble montrer que cette étymologie du mot *stannum* lui a été connue, car il dit : « ceux qui séparent l'argent du « cuivre donnent le nom d'argent au plomb mêlé au pain d'argent, non seule« ment à cause de sa blancheur, mais parce qu'il *craque* sous la dent, ou quand « on le rompt » (2). Cette observation, si elle est exact, donnerait raison, dans ce cas, à la dénomination de *stannum*, appliquée par Pline au plomb d'œuvre (3),

Dans la langue basque, le nom de l'étain, *estuana* se relie bien mieux aux noms celtiques, surtout au mot *ystaen* ou *estaen* (4), qu'au latin *stannum*. Il en provient donc directement, ce qui donne a penser que le langage des mineurs de Galice se rapprochait plutôt des dialectes kymrique, cornique et armoricain, que de l'Erse et du gaëlique, ainsi que l'indique d'ailleurs la position géographique de l'Espagne.

Les cassiterides. — Hérodote ne connaissait que vaguement les cassitérides (5), mais, à une époque plus rapprochée, on les a décrites comme placées en face de la côte Cantabrique (6). Elles étaient au nombre de dix, dit Strabon (7), très rapprochées les unes des autres, et leurs habitants se couvraient généralements de grands manteaux noirs. On en compte aujourd'hui plus de cent, mais, d'après les observations de Borlase, il semble que ces îles ont été autrefois réunies, de sorte que l'assertion de Strabon n'est peut être pas inexacte (8).

---

(1) Le sanscrit *tan* signifie également, rendre un son. — (2) ALONZO BARBA, *trad. Gesford*, vol. 1. p. 113. — (3) Voir à ce sujet la note 3 de la page précédente. — (4) *cf* LECONIDEC. *dict. Breton-français*, v. *Stean*. — (5) HÉRODOTE, l. III. c. CCXV. — (6) PLINE, XXXVI, I. STRABON, l. II, ch. XV. FESTUS AVIÉNUS, *ora marit.* v. 91-107. — (7) STRABON, l. III, ch. II. — (8) BORLASE, *observat. on the ancient and pres. state of the islands of Scilly*. *Oxford*. 1756. p. 89.

J'ai cité plus haut la tradition relative à leur jonction avec la terre ferme.

Il est probable que les Phéniciens ne se contentèrent pas de trafiquer exclusivement dans les îles, et qu'ils accostèrent aussi le rivage de Cornwall; mais, ayant sans doute en premier lieu, et peut-être pendant longtemps, abordé seulement ces îles, l'épithète de « riches en étain » que les grecs ont plus tard exprimée par le mot « cassitérides » a pu leur avoir été ainsi appliquée.

On trouve de nombreuses traces de l'antique exploitation de ces mines : Un lingot d'étain, de la forme indiquée par Diodore de Sicile, a été rencontré près d'un filon (1). Dans la mine de Ladok, près de Truro, on a trouvé aussi un lingot attribué aux phéniciens (2); Borlase en a dessiné un autre portant une anse (3); il ne manque pas d'ailleurs, dans les musées anglais, de cubes d'étain estampillés aux noms des empereurs romains de Claude aux Antonin (4).

Les indigènes des îles Cassiterides naviguaient dans des barques de cuir, au témoignage de tous les historiens anciens. Camden dit que ces barques étaient encore en usage en 948; il a lu dit-il, que « plusieurs saints personnages avaient « été transportés d'Irlande en Cornwal sur un *carabus*, ou *coruca* fait de deux peaux et demi » (5), ce qui est du reste d'accord avec la langue et les traditions irlandaises (6).

D'après Strabon, les indigènes échangeaient leur étain contre des poteries, du sel, du cuivre, (7). Le promontoire *belerium* était, suivant Diodore, fréquenté par les marchands étrangers; le métal, coulé en lingots ayant la forme d'un dé, était transporté dans l'île d'*Ictis* situé en face de la Bretagne. C'était une île réunie au continent par une levée découvrant à marée basse, comme de nos jours l'île de Noirmoutier, particularité, ajoute Diodore, commune a beaucoup d'îles situées entre l'Europe et la Bretagne (8). Là, les étrangers achetaient l'étain, le transportaient en Gaule et le chargeaient sur des chevaux qui mettaient trente jours pour atteindre l'embouchure du Rhône (9).

Beaucoup de situations ont été assignées a cette île que Pline appelle *Mictis* (pour *Ictis*) et qu'il place a six jours de navigation de la Bretagne, d'après l'historien Timée (10). Ce mot *Mictis* a été identifié avec le nom de l'île de Wight (*Vectis*), mais cette interprétation est erronée pour deux raisons: premièrement, dans le passage sur lequel on s'appuie pour identifier *Mictis* et *Vectis*, Pline vient de parler de l'île Vectis, et le sens de la phrase indique que la première île est différente de la seconde, en deuxième lieu, le texte porte...... *insulam Mictim* et il est facile de voir que c'est là une faute de dictée, car *insulam mictim* sonne à l'oreille comme *insulam Ictim*. Ictim est donc la véritable leçon, et il s'agit bien de l'île dont parle Diodore.

Il est possible que cette île, presqu'île à marée basse, soit introuvable aujourd'hui. Depuis deux mille ans, sa réunion à la terre ferme peut avoir été com-

(1) *Journ. of archeolog. associat.*, 1869, p. 257. — (2) *Exhibit*, 1851. *Report of the juries*, p. 12. — (3) BORLASE, *natur. hist. of Cornwall*, *Oxford*, 1758, p. 163, pl. 20, fig. 19. — (4) DE ROUGEMONT, *l'âge de bronze*, p. 125. — (5) CAMDEN, *Britannia*. London, 1789, in-fo, p. 755, col. 2. — (6) PLINE, VII, LVII. — (7) STRABON, l. III, ch. II, — (8) DIODORE, V, ch. XXII. — (9) DIODORE, V, ch. XXII, l. V, ch. XXXVIII. — (10) PLINE IV. XXX, 3.

plétée. Il y a un exemple de ce fait dans le canal qui sépare Noirmoutier de la côte; impraticable il y a un siècle, le passage a pied sec y est aujourd'hui facile à marée basse, même pour des chariots attelés de bœufs, et il est à présumer que, dans quelques siècles, l'île sera rattachée à la côte d'une manière permanente.

Heeren pense qu'Ictis est *Istica* ou *Bresan* (1), Camden la place parmi les Cassitérides (2). Suivant Borlase, *Ik*, en cornique désignant une crique ou un port, *Ictis* peut avoir été un nom tout-à-fait général, ou encore cette péninsule peut avoir perdu son ithsme par suite d'une modification géologique (3). Pryce dit que le souvenir de cet *Ictis* semble avoir été conservé dans *Car-ike-road*, partie principale de l'estuaire de Falmouth, et dans *Bud-ike-land* qui limite ce havre. Il donne au cornique *ik* le sens de port et celui d'embouchure. Il place *Ictis* dans l'île *Black-rock-island*, dans le *car-ike-road* qui était autrefois une île à la haute-mer, quoiqu'on puisse y passer aujourd'hui a pied sec. Il cite à l'appui de son opinion un manuscrit cornique, « la création du monde », apporté à Oxford en 1450 (4). A l'entrée de ce havre, dit Leland (5), est un rocher recouvert à la haute mer et qui se nomme *Caregroyne*, c'est-à-dire « le rocher des veaux marins ».

On place souvent Ictis a *Saint-Michel de Cornwall*, ce n'est pas l'opinion de M. Polwhele qui l'identifie avec *Saint-Nicholas*, à l'embouchure de la *Tamar*, près de Dartmoor, où se trouvent des mines d'étain (6). On prolonge souvent aussi la route de commerce de l'étain par terre jusqu'à *Lepe*, partie des *Hants-coasts* opposées à l'île de Wihgt. On trouve là des noms qui rappellent la dénomination de l'étain : *Stansa-bay*, *Stansore-point*, *Stanswood-farm*, la baie de l'étain, la pointe des minerais d'étain, la ferme du bois d'étain. De là, l'étain aurait été dirigé vers *Gurnard* (île de Wight), pour être embarqué à *Puckaster*, et dirigé vers l'embouchure de la Seine. Le commerce et la fréquentation des rives françaises auraient provoqué, dans l'île de Wight, les dénominations de *rue street*, *Gonnerville-lane* répondant aux localités portant ces noms, situées de l'autre côté de la Manche.

Ces raisons ne me paraissent pas convaincantes, je ne suis pas assuré du rapport direct des mots *Stansa*, *Stansore*, *Stanswood* avec les termes celtiques désignant l'étain, et je regarde comme beaucoup plus douteuse encore l'affinité de *Puckaster* avec *kassiteros*. Dans tous les cas, je pense que l'idée de placer *Ictis* dans l'île de Wight provient de la lecture fautive de *Mictis* pour *Ictis* dans Pline, et de l'identification de cette prétendue *Mictis* avec *Vectis*, l'île de Wight.

L'emplacement réel d'Ictis est donc fort incertain, d'ailleurs *ic*, *ik*, *ek* répond, en celtique, au grec *oikos* et au latin *vicus*, et entre dans la composition d'un trop grand nombre de noms de lieux pour qu'on puisse discerner, à coup sûr, celui qui répond à l'antique *Ictis*; d'heureuses découvertes archéologiques peuvent seules, à mon avis, résoudre la question.

---

(1) Heeren, *de la polit. et du com. des peuples de l'antiq.* vol. 4, p. 191. — (2) Camden, *Britannia*, p. 755, col. 2. — (3) Borlase, *nat. hist. of Cornwall*, Oxford, 1758, p. 177. — (4) Pryce, *Mineralogia cornubiensis*, introd. p. V et VI. — (5) Leland, vol. 1, *addit. Camden*. — (6) *Journal of archæol. assoc.*, 1866, p. 360 *sqq*.

D'Ictis, l'étain gagnait les côtes de la Gaule, soit par l'Atlantique pour aller trouver l'embouchure de la Garonne et de là Narbonne, ou celle de la Loire, puis la Saône et le Rhône, soit par la Manche, vers le pays des Calétes (pays de Caux) pour remonter la Seine, passer par Alésia et atteindre la Saône, le Rhône et la Méditerranée. Les Calétes étaient en effet de grands commerçants, leurs monnaies nombreuses et répandues sur un très grand espace, en sont une preuve décisive. Elles portent souvent les empreintes de symboles phéniciens et de lettres grecques d'une très ancienne époque (1). Il est à supposer que, recevant l'étain du Cornwall, ils le portaient eux-mêmes non seulement aux bouches du Rhône, mais encore en Suisse et en Bavière, etc. où leurs monnaies se rencontrent fréquemment.

Tel était le courant commercial suivant lequel, depuis une très haute antiquité, les indigènes apportaient à Narbonne et vers les bouches du Rhône, non seulement l'étain du Cornwall, mais peut-être aussi celui de l'Armorique et du Limousin. Voyons maintenant comment, dès le VIIe ou le VIe siècle avant J.-C., les navires Tyriens allaient directement en Gaule et en Cornwall chercher l'étain qu'y exploitaient les indigènes.

Les Phéniciens en Cornwall. — De graves évènements marquèrent le milieu du VIIe siècle avant J.-C. La Phénicie avait été occupée par les rois d'Assyrie Assarahaddon et Assurbanipal, ces deux puissants monarques qui avaient promené leurs armées des bords du Tigre au fond de l'Arabie et aux rives du Nil. Carthage, fondée depuis deux siècles, était devenue pour Tyr une rivale plutôt qu'une alliée, et les Grecs s'étaient lancés vers l'Occident, à la suite de Coléus de Samos qui leur avait révélé les richesses de la Bétique. Établis depuis un siècle en Sicile, ils allaient créer leurs établissements de la Cyrénaïque et bientôt fonder Marseille.

A tous ces obstacles qui gènaient le commerce des Tyriens et leurs barraient les routes maritimes de la Méditerranée, il faut joindre le développement de la marine étrusque. Aussitôt fixés sur les côtes de l'Italie, les « tourchas de la mer », commerçants et pirates, s'étaient mis à écumer la Méditerranée, à ravager les rivages de la Gaule et à rançonner les établissements phéniciens de l'Espagne maritime. Dès que leur flotte fut devenu importante, la position des tyriens s'en ressentit et, cessant de fréquenter les bouches du Rhônes pour aller y chercher l'étain provenant des pays celtiques, ils se hasardèrent sur l'Atlantique et vinrent aborder les Sorlingues pour y trafiquer sans intermédiaire avec les producteurs eux-mêmes.

On a souvent dit que les tyriens avaient vogué directement du cap Finistère d'Espagne aux Cassitérides, il est bien improbable que leurs navires se soient ainsi lancés à l'aventure dans des parages inconnus et sur une mer difficile. S'ils ont jamais fait ce voyage sans escale, ce ne fut certainement qu'après avoir attentivement étudié les conditions de cette navigation périlleuse, et cotoyés, pendant de longues années, le rivage occidentale de la Gaule.

Ces côtes leurs offraient des escales fructueuses : d'abord l'embouchure de la

(1) DE ROUGEMONT, *l'âge du bronze*, p. 116.

Charente, rivière que leurs navires, d'un faible tirant d'eau, pouvaient remonter très haut, pour aller chercher l'étain des gisements du Limousin. Les habitants des rives de la Charente, les Santons, peuple riche et commerçant, dont les monnaies se trouvent à une grande distance de leur pays, et particulièrement en Suisse (1), étaient leurs intermédiaires. Leur seconde escale était l'embouchure de la Loire, ou plutôt celle de la Vilaine, vers laquelle s'acheminait l'étain des alluvions exploitées dans la vallée de la *Vindana*, à Penestin et à Piriac.

Un autre point d'arrêt, au-dessus du territoire des Venétes, hardis navigateurs, était l'anse de *Gobestan*, auprès d'Audierne. Ce mot, en armoricain, signifie « le havre de l'étain » : *gob* anse, abri, et *stan*, étain. A la vérité le mot *gob* appartient aussi aux langues semitiques, avec la signification de port ou de lagune; les écrivains arabes l'ont souvent appliqué aux lagunes de Serendib ou Ceylan (2); mais comme ce mot, avec une signification identique, se trouve dans la langue même de la Bretagne, il n'y a pas de raison pour attribuer sa présence dans le nom de *Gobestan*, à une influence phénicienne. La contrée où se trouve le havre de Gobestan, sans doute entrepôt de l'étain à une date fort reculée, semble avoir été un centre métallurgique, à en juger par les noms et les traditions. On y trouve le village de *Plogoff*, armor. « La ville des forgerons », non loin de là se trouve l'Ile de Seine célèbre dans toute la Gaule par les mystères qu'on y célèbrait; les traditions du pays sont pleines du souvenirs des *corrig* ou *cor* (littéralement : longs comme le doigt), cornique, *cor*, doigt, nains redoutables, analogues aux *cobolts* et aux *gobelins* des traditions métallurgiques.

M. de Rougemont (l'Age du bronze) attribue une grande valeur à plusieurs mots celtiques qu'il présente comme provenant des Phéniciens, mais je crois qu'il a été beaucoup trop facile, en général, dans ses assimilations. Il a comparé au mot *baal* ou *bel* sèmitique beaucoup de mots où se trouve cette syllabe, tandis qu'il est manifeste qu'on doit les rapporter au *Bial* irlandais, au dieu *Belltené*, le *Belenn* gaulois, que les latins avaient identifié avec Apollon. C'est de là que vient le mot *belek* qui veut dire « prètre » en armoricain moderne.

Des parages de *Gobestan*, ou du cap *Gobœum* au cap *Belerium* du Cornwall, le passage était court, sinon sans danger; les Tyriens, plus tard les Carthaginois s'y rendaient facilement. Quand ces derniers voulurent, environ deux siècles plus tard, recommencer cette navigation tyrienne vers le Nord, et y aller chercher l'étain, le souvenir de la route s'en était presque perdu et le Sénat envoya Himilcon pour l'explorer régulièrement; malheureusement la relation du périple d'Himilcon ne nous est pas parvenue. Le voyage que fit Pytheas de Marseille, au IVe siècle avant J.-C., avait sans doute un but analogue.

Ce commerce cessa naturellement avec les revers maritimes de Carthage, et ce fut *Publius Crassus* qui fit connaître aux Romains la route des Cassitérides, soigneusement tenue secrète, aussi bien par les marins de Carthage que par

---

(1) DE ROUGEMONT, *l'âge du bronze*, p. 114. — (2) REINAUD, *Salsalat-el-tévargk*, p. 128. TEMENT, *account of Ceylon*, vol. 1, p. 45. — (3) STRABON, l. III, ch. CV.

ceux de Gadès. Il ne semble pas que les Romains s'en soient beaucoup servis, toujours est-il qu'au second siècle de l'ère chrétienne, le commerce maritime avait cessé (1), et que la voie de terre était seule restée ouverte. On se servait encore de la route de la Garonne au XIIIe et au XIVe siècle, car *Aboul-Féda* nous apprend, d'après *Ibn-Saïd*, que ce fleuve était de son temps, remonté par des navires apportant d'Angleterre l'étain et le cuivre. De Toulouse à Narbonne l'étain était porté à dos d'animaux, et, dans ce dernier port, des navires le chargeaient à destination d'Alexandrie (2). Ce commerce s'explique à cette époque, car, pendant 300 ans, la Guienne fut aux mains des anglais, et la voie dont je viens de parler resta ouverte exclusivement à leurs navires et à leur commerce.

Les Étrusques. — Grands navigateurs, métallurgistes célèbres et habiles commerçants, les Étruques étaient les Phéniciens de l'Italie, et leurs productions se répandaient dans presque toute l'Europe. Ils ont exploité les mines de cuivre de leur territoire sur une immense échelle et, soit qu'ils aient demandé l'étain au commerce, soit qu'ils l'aient tiré des gisements du mont *Camerello*, ils ont couvert un espèce considérables des bronzes provenant de leurs fonderies. La découverte de filons d'étain en Étrurie donne à penser qu'ils ont trouvé chez eux tous les éléments nécessaires à la fabrication du bronze, mais j'ignore encore quelle est la valeur de ces mines, et quelle a été l'importance de leur exploitation.

Qu'ils aient ou non extrait l''étain de leurs mines, ils se procuraient sans doute celui du Cornwall par la Gaule et la Ligurie, ou par les Alpes et le Pô, en même temps que l'ambre de la Baltique. Les villes de l'embouchure du Pô leur servaient d'entrepôt, ils y achetaient l'ambre et l'étain et y vendaient leurs bronzes ouvrés Un embranchement de la route qui amenait ces marchandises se dirigeait vers *Adria*, ainsi que le prouve la tradition d'une île *cassitéride* sur ces côtes (3). Dans les îles *electrides*, (c'est-à-dire où arrivait l'ambre) placées sur le golfe Adriatique, se trouvaient deux statues couchées, l'une de bronze, l'autre d'étain (4). C'est encore un souvenir d'un très ancien commerce de l'étain dans ces parages.

Je viens d'esquisser très rapidement l'histoire de l'étain dans l'Asie occidentale et dans l'Europe, voyons maintenant où était produit et comment se propageait ce métal dans l'Inde et dans l'Asie du sud-est.

VIII. — L'ÉTAIN DANS L'INDE.

On ne peut pas faire remonter à moins de 22 ou 24 siècles avant J.-C. l'entrée des aryas dans l'Inde. Malgré cette haute antiquité, on a acquis la certitude que ces aryas rencontrèrent et soumirent, en arrivant dans la vallée de l'Indus et dans les plaines du Gange, un peuple de race kouschite en possession de tous les

---

(1) APPIEN, *Hist. rom.*, v. 2, p. 423. — (2) ABOUL-FÉDA, *tr. Reinaud*, t. II, 307. — (3) THÉOPOMPE *dans Scymnus*, 392. NOEL DES VERGERS, *L'Etrurie et les Etrusques*, t. I, p. 265. (4) — ARISTOTE, *de mirab. auscul'*, *e l. Beckmann*, p. 166, LXXXII.

métaux, et beaucoup plus avancé en industrie qu'ils ne l'étaient eux-mêmes. J'ai rappelé plus haut les relations de cette race avec les peuples de Poun, de l'Yèmen, du Somâl, etc. Les traditions indiennes renfermées dans les Vedas, le Mahâbhârata et le Ramayana sont, du reste, les seules qui puissent nous servir de guide pour pénétrer dans l'histoire ancienne de l'Inde et y chercher la trace du plus ancien commerce de l'étain dans ce pays.

D'après ce que j'ai dit au commencement de ce mémoire, il ne semble pas que les mines de Mewar ni celles de Ceylan aient jamais été exploitées; à une époque aussi reculée, les filons de l'Indou-Kousch suffisaient sans doute au commerce de l'Asie centrale et de l'Inde, comme à celui des pays de l'Occident et du Nord-Est.

Cependant, sans doute par suite des progrès de la navigation, il arriva un moment où les mines de la Malaisie, d'une si grande richesse et d'une si facile exploitation, fournirent leurs produits aux marchés de l'Inde, et cette révolution dans le commerce de l'étain eut lieu vers le xe ou le xiie siècle avant J.-C., d'après la date probable de l'établissement des aryas parmi les dravidiens du sud de l'Inde (1). Il est permis de supposer que c'est vers ce temps que les mines du Paropamisus cessèrent d'être exploitées.

La date de cet établissement, si elle est exacte, coïncide a peu près avec celle à laquelle les Phéniciens commencèrent à trafiquer dans l'Espagne méridionnale, et n'est pas éloignée de l'époque de la destruction de la nation des Madianites par les Hébreux. Il est donc probable que la décision prise par les Tyriens d'aller chercher l'étain vers l'occident résultait, non-seulement de ce que la route du Caucase leur avait été fermée par terre comme par mer, mais encore de ce que les mines d'étain de l'Indou-Kousch se trouvaient momentanément délaissées.

Nous savons en effet par le Mahâbhârata que les rois du *Tchôla* et du *Pandya* apportaient l'étain à Delhi (2), or, cette région est celle comprise entre Madras et le cap Comorin, c'est le pays qui regarde Ceylan et Malacca d'où pouvait venir l'étain. Les aryas étaient là en plein pays dravidien, et les habitants primitifs, dit-on de race touranienne, s'y étaient fixés à une époque fort reculée. Ils se trouvaient séparés de la masse des peuples de leur race depuis de longs siècles, puisqu'ils ne connaissaient pas l'étain, avec lequel les Touraniens du nord étaient depuis longtemps familiarisés, et que leur civilisation matérielle était en général peu avancée (3). Isolés et refoulés au sud de l'Inde, ils étaient demeurés stationnaires, et avaient sans doute gardé l'empreinte de l'ensemble des connaissances qu'ils possédaient en commun avec les autres Touraniens, au moment ou ils avaient été séparés d'eux. Les *Tamouls*, parmi lesquels s'étaient établis les *pandavas* venus des plaines du Gange, étaient les plus civilisés d'entre eux (4). D'après M. Caldwell, ils n'avaient connaissance d'aucun peuple étranger, à l'exception des habitants de Ceylan, île qui leur était alors accessible

(1) Lenormand, *hist. anc.*, vol. 3, p. 529. — (2) *Mahâbhârata, tr. Fauche, sabha-parva*, t. II, p. 518, *çl.* 1891. — (3) Caldwell, *A comparat, gramnar of the dravidian famil. of lang.*, p. 77. — (4) Carlwell, *A comparat. grammar of the dravidian famil. of lang.*, p. 79.

à pied sec, à marée basse, en suivant la chaîne d'îlots et de récifs connue aujourd'hui sous le nom du « pont de Rama ».

Ainsi, cet étain dont trafiquaient les aryas de la côte de Coromandel, le pays de *Tchôla* (Coromandel : *Tchôla-mandala*), et qui ne pouvait provenir des mines du Mewar ni des alluvions de Ceylan, leur était fourni par le commerce maritime qui le débarquait dans les ports de *Lanka*, ainsi que se nommait alors Ceylan.

Ce commerce maritime avec les habitants de l'extrême-Orient devait remonter à une fort haute antiquité. Le *mahawanso* chronique singalaise, généralement regardée comme digne de foi, signale de 543 à 306 ans avant J.-C. de nombreux naufrages de navires venus de l'Orient (1), et il s'agit bien de navires chinois ou malais, car les singalais n'en possédaient pas, le nom même du navire n'existe pas dans les langues dravidiennes, et a été emprunté aux dialectes voisins. Par des considérations différentes, Heeren a prouvé que, depuis 500 ans avant J.-C. jusqu'à 500 ans après, Ceylan avait été le grand entrepôt des marchandises de la côte d'Afrique, du Yémen, du Malabar et de la Chine (2). Le Kalinga a toujours été regardé aussi comme le pays d'où les lois, la religion et la civilisation indiennes furent introduites en Malaisie (3).

Un peu plus tard, les navires qui faisaient ces voyages portaient les noms de *sangara* et de *côlandiophanla* qui paraissent être d'origine malaise (4). Pline les nomment *cottonara* (5).

La presqu'île de Chryse et d'Argyre (6) vers laquelle se dirigeaient ces navires était certainement Malacca, comme dans le Ramayana, *Unga* représente l'Ava et *Yamala* Malacca (7). Du reste, au temps de Pline et du périple, les navires chinois venaient jusqu'à Ceylan (8).

D'après les traditions indiennes, les îles Andaman et Nicobar sont les ruines du pont que construisit *Rama-Chandra*, sur l'avis de *Vibhishan*, roi de Sumatra, pour unir cette île à *Rameswara* au sud de l'Inde (9). (Voyez plus loin page 94).

Les marchandises de Chine ne venaient certainement pas exclusivement par terre de leur pays dans l'Inde, et la soie, mentionnée depuis une si haute antiquité dans les livres sacrés, dut y pénétrer aussi par mer. Le Mahâbhârata cite les fils de soie apportés au roi *youddhishtira* (10) et ajoute que les Chinois eux-mêmes attendaient à la porte du palais (11). Dans le Ramayana, *Sîta* est vêtue d'une robe de soie et cette soie est jaune, la couleur impériale. Si ce n'est pas la mention de la couleur naturelle, ce qui serait possible dans un temps ou les procédés de teinture n'étaient pas fort perfectionnés, c'sst un indice que non seulement les marchandises, mais encore les usages chinois étaient dès lors connus dans l'Inde (12).

---

(1) *Mahawanso*, ch. VII, p. 49. ch. XII, p. 68. TEMENT, *Account of Ceylon*, vol. 1, p. 441. (2) HEEREN, *de la polit. et du com. des peuples de l'antiq.* vol. III, p. 43. — (3) CRAWFURD, *Hundu religion in the island of Bali, asat. res.*, vol. 13, p. 153. — (4) HEEREN, vol. 3, p. 433. *Périple de la mer Erythrée*, Didot, vol. 1, p. 301, 360. — (5) PLINE, VI, XXVI, 10. — (6) PLINE, VI, XXIII, 11. — (7) WILFORD, *asiat, res.*, vol. 8, p. 302. — (8) REINAUD *Relations polit. et commerc. de l'Empire Romain*, p. 287. — (9) WILFORD, *on the ancient geograph. of the India, asiat. res*, vol. 14, p. 453. — (10) *Mahâbhâ-rata, adi-parva*, t. II, p. 512, *cl.* 1847. — (11) *Mahâbhârata, adi-parva*, t. II. p. 511. *cl.* 1823. — (12) *Ramayana*, t. II. p. 218. ch. XXXVII, 9-10. VINCENT, II, p. 574.

Suivant Klaproth, les Chinois firent la conquête de la Malaisie dans la première moitié du IIIe siècle avant J.-C. et y rencontrèrent les Arabes (1). Dès le ve siècle, *Fa-Hian* va de Ceylan à Java sur un navire contenant plus de deux cents hommes, la mer est couvertes de pirates, preuve d'un commerce actif (2). A cette époque les navires arabes venaient trafiquer à Ceylan (3).

L'extension et la durée d'un pareil commerce peuvent faire penser qu'il remontait bien haut dans l'histoire, et que, un millier d'années avant J.-C., l'étain apporté du sud à Delhi était d'origine malaise. Nous verrons plus loin, en examinant l'étendue considérable sur laquelle s'est répandu l'usage des noms malais de l'étain, à quelles grandes distances et pendant quel temps considérable le commerce l'a fait voyager.

J'ai dit plus haut que les mines de Ceylan n'ayant jamais été exploitées, l'étain provenant de cette île y avait été apporté par le commerce maritime, le sanscrit a néanmoins consacré cette provenance de seconde main, en donnant à l'étain le nom de *sinhala* que porte aussi Ceylan dans cette langue. Par un phénomène analogue, l'étain du Tchôla s'est appelé *madhura*, du nom de la ville de *Mathura*, aujourd'hui *Madura*, vers la côte de Coromandel.

Cependant, comme les noms géographique sont très rarement employés dans la composition des noms des métaux, l'hypothèse précédente pourrait sembler un peu hasardée. La racine du dernier mot est peut-être *madhu*, moelle, avec un suffixe *ra* ou *ka* car on trouve également *madhuka*; le mot « mœlle » entre, en effet, dans la composition de plusieurs noms des métaux, expl : *adrisara*, fer, litt : moelle de montagne, *açmasâra*, fer, litt : moelle de pierre, *girisâra*, étain, moelle de montagne. L'étymologie du premier pourrait être *sinha*, lion avec un suffixe *la*, ce serait alors le métal qui « rugit », et cette épithète ne semble pas plus étonnante que la signification du proto-type sanscrit de stannum, *stanana*, qui veut dire « tonnerre ».

Ce n'est guère, du reste, que dans l'étude de la structure des noms sanscrits de l'étain qu'on peut trouver quelques particularités intéressantes de l'histoire de la métallurgie dans l'Inde, en l'absence de tout autre document positif. A cet égard, le mot *Yavanêchta* offre un intérêt particulier; on peut le traduire par « brique ou lingot des *Yavanas*. » L'identification de ce peuple n'est pas absolument certaine : on a rapproché le mot du grec IαFονες qui désigne les Ioniens et M. Pictet le fait venir de la racine *yu* défendre (lat. *juvara* aider) d'où le sanscrit *yuvan* jeune et le zend *yava*, avec la signification de « défenseur. » Les *Yavanas*, étaient dit-il, les peuples les plus avancés vers l'Occident, alors que les Aryas habitaient encore ensemble le plateau de Pamir (4).

L'illustre indianiste Lassen (5) a avancé que le pays des *Yavanas* était l'Arabie parce que l'encens d'Arabie était appelé aussi *Yavana* (6). Dans les inscriptions, Darius nomme les Grecs *Yuna* (persan moderne *Yunan*) mot qui, à

---

(1) Klaproth, *Mémoires sur l'Asie*, vol. II, p. 257. — (2) Rémusat, *Foe-Koué-Ki*, p. 359-360. Marco-Polo, *éd. Pauthier*, p. 535. — (3) *Journ. of the asiat. soc. of Bengal*, 1848. *Ceylon, by an officer of the Ceylon rifles*, vol. 2, p. 176. — (4) Pictet, *les origines Indo-Européennes*, vol. 1, p. 62. — (5) Lassen, *Ind. alt.*, p. 729. — (6) Weber, *Hist. de la littérat. ind. tr. Sadous*, p. 341, note.

Babylone, s'écrivait *Yavanu* (1). Un auteur indien *Rajendralala mitra* fait venir *yavana* de *yu* mêler, et l'applique à un peuple de races mélangées. Il pense que la ressemblance avec le mot qui désigne les Ioniens est purement fortuite, et en conclut qu'originairement *yavana* désignait la Perse, la Médie, l'Assyrie, et à une époque plus rapprochée, les rois indo-grecs de l'Afghanistan (2).

Si le mot *Yavana* a désigné, comme c'est très probable, un peuple ou un pays situé au Nord-Ouest des plaines du Gange, il s'agit sans doute de l'Indou-Kousch et du pays de Bamian, où se trouvaient les mines d'étain. Cette hypothèse donnerait raison à l'acception « encens » du mot *yavana*, car venant d'Arabie pour chercher l'étain de l'Indou-Kousch, ou envoyant aux *Yavanas* du Bamian des marchandises en échange, les Phéniciens, les Madianites ou les Kouschites des côtes du golfe Persique y faisaient sans doute aussi parvenir l'encens d'Arabie, lequel en repartait avec le nom des entrepositaires.

Les autres noms sanscrits n'ont pas un égal intérêt, je citerai seulement quelques-uns de ceux dont l'étymologie se rapporte au *cri* de l'étain.

Pralamba, raç, *lap* parler, se lamenter cf. *lampâpataha*, timbale, *pralâpa*, plainte, lamentation, c'est ainsi le métal qui se plaint, qui gémit.

Bârbatira. Ce mot se décompose en *tara* argent ou *tira*, que j'ai à eu occasion de signaler en parlant de kastira, et en *barba*; ce dernier mot se rapproche de *barbana*; mouche bleue, nommée ainsi à cause de son bourdonnement, *barbara* bredouilleur, *varvara* abeille, *marmara* murmure.

Vagga. (Le premier *g* est la nasale des gutturales et se prononce comme le premier γ du mot grec *aggelos*. La racine est *vatch* parler, cf. *vatcha* perroquet, *vagu* parleur, *vaktra* bouche, latin *vocare*. Ce mot est identique avec *vagga* plomb, qui vient de *vagh* courber. La preuve que *vagga* a bien la signification d'étain, c'est qu'il entre dans la composition du mot *Vaggaçulwadja* bronze, de : *vagga* étain, *çulva* cuivre rouge, *djan* engendrer; littéralement « fait de cuivre et d'étain. »

D'après ce qui précède, le mot *mridvagga* étain, signifie « le métal mou qui parle. »

Surêbha, littéralement « qui crie bien » de *su* bien, et de *rêbh* crier.

Swarnadja, « qui engendre le son » de *swara* son, et de *djan* engendrer.

Gurupatra « lame qui crie » de *gu* faire entendre, *ru* cri (cf. grec *gêrus* voix, *gruzô* gronder) et de *patra* feuille, et, avec l'acceptation métallique plaque ou lame.

Tchakrasadjna, de *tchak* résister, et *ras* résonner. Il serait superflu de pousser plus loin ces rapprochements.

IX. — L'ÉTAIN DANS L'ASIE DU SUD-EST.

La Malaisie. — Nous avons vu plus haut combien sont nombreux les gisements d'étain, dans cette étendue de pays qui va du Pegu au Yu-nam et au détroit

---

(1) RAWLINSON, *hérodote*, vol. IV, p. 10. — (2) RADJENDRALALA MITRA, *on the suppos. identity of the greek with the yavanas. Journ. of the asiat. societ. of Bengal*, 1874, p. 258.

de la Sonde. Les montagnes formant l'ossature de la presqu'île de Malacca et d'une partie du royaume de Siam, renferment les mines les plus riches et les plus activement exploitées, et semblent avoir été le théâtre des plus anciens travaux. A côté des témoignages historiques, l'extension considérable prise par les noms malais désignant l'étain, constitue une preuve indirecte, mais décisive, de l'étendue et de l'antiquité du commerce de ce métal, entre la Malaisie et les contrées occidentales de l'Asie.

Ainsi que cela résulte de l'examen de leurs dialectes, l'étain, l'or et le fer sont les seuls métaux originairement connus des Malais, les noms du fer et du cuivre ont été introduits dans leur langue par les Indiens, et sont incontestablement d'origine sanscrite (1). Le plomb lui-même ne paraît pas avoir été connu des indigènes avant l'arrivée des Européens et les noms que porte ce métal dans les différents dialectes de l'Archipel, renferment un qualificatif impliquant, dans l'opinion des naturels, une modification de l'étain (2).

Je vais examiner successivement les mots *timah* et *kalang* qui désignent l'étain en Malaisie.

Timah est une appellation tout-à-fait locale, et qui n'a pas dépassé les limites du pays, elle ne s'est même pas répandue partout où la langue de l'Archipel s'est imposée; on ne la trouve ni à Florès, ni à Timor, ni à Madura, ni à Bali (3). A Madagascar, l'étain est nommé *firaka* et même *piraka,* par exemple dans *lambampiraka,* étoffe où il entre des fils d'étain, dans le but d'imiter l'argent C'est une corruption du mot *perak* par lequel les malais désignent l'argent (4).

Timah présente quelques différences de forme en passant d'un dialecte à l'autre : javanais et Sunda *timah,* lampung *tamia,* tagala *timga,* bisaya *tinga,* bugis *tumora,* kisa, *kimiru* (pour *timiru* (5).

Il n'est pas aisé de donner avec quelque précision l'étymologie du mot *timah,* il semble se rapporter à une idée de lumière, d'éclat, cf. *kimur* (6) et *timur,* l'orient, *Timor* l'île orientale. Cependant comme cela a déjà été suggéré, si quelques rapports ont autrefois existé entre les Malais et les populations de race dite touranienne, on trouverait de ce côté l'explication de ce mot *timah,* qui s'écrit aussi *timar* (7) En effet, le turc *timir* et *demur,* le tartare *temour,* le tchouvache *timer,* etc. qui désignent aussi un métal blanc, le fer, rapprochés de l'accadien *dimir* divinité (8), se rapportant à une idée primitive d'éclat ou de lumière, pourraient, sinon en donner l'étymologie, au moins déceler une commune origine.

Le fait de la présence d'un grand nombre de mots sanscrits dans le malais et la facilité avec laquelle, dans la langue océanienne, le *t* permute avec le *k* et les lettres qui remplacent cette gutturale, pourraient faire songer à rapprocher *timah* de *hima* étain, dénomination qui indique aussi l'idée de lumière, cf. *him*

---

(1) Crawfurd, *History of the Indian archip.* v. 1, p. 182. — (2) Crawfurd, *History of the Indian archip.*, vol. 1, p. 192. — (3) Crawfurd, *Gram. and diction. of Malay lang.* Rafles, *Comparat. diction.* Marsden, *Malay diction.* — (4) *Diction. Malgache, Missions cathol. Bourbon,* 1853. — (5) Le *k* et le *t* permutent souvent en océanien. Mosblech *Note sur la langue de l'Océanie orient. journ. asiat.*, 4e série, vol. 3, p. 444. — (6) Crawfurd, *gram. and diction. of the Malay lang.*, vol. I, p. 99. — (7) Marsden, *Hist. of Sumatra*, p. 286. — (8) Lenormand, *La magie chez les Chaldéens*, p. 245.

Lune, neige, grec *kheima* hiver, irlandais *cim* argent; mais c'est là une simple conjecture.

Si ce mot *timah* n'est pas sorti de la Malaisie, le commerce de l'étain de Malacca a, au contraire, répandu le second nom de l'étain, *Kalang*, à une grande distance de son point de départ, à l'Ouest et au Nord-Ouest. Ainsi le malais *Kalang* a fourni le khirghise *khalaï*, le géorgien *kala*, le lesghi *kalaï*, le mutzdchi *kalai*, le tcherkesse *galai*, l'ossete *kala*, le mingrélien *kali*, le souane *kalai*, l'abaze *galaï*, le kurde *qualay*, l'arménien *galajek*, l'arabe *qalaï*, le turc *qalaï*, le brahuiski (Belouchistan) *kallahi* (1). Ce mot est usité dans l'Inde même (2), et, dans certains dialectes de l'Indoustan, on le rencontre défiguré, comme dans celui du *Bundelkan* où on le trouve sous la forme *Karaiya* (3).

Il n'est pas difficile de voir dans tous ces mots une onomatopée du *cri* de l'étain; *Kalang* est identique au français *claque*. On trouve du reste dans le malais : *Kalanga* hurler, *galaga* bouillir, dans le dialecte de la Nouvelle-Zélande : *Karanga* appeler (4), dans le sanscrit *Kalaghacha* le lion rugissant, dans le latin *Clangor* son, dans le grec *klaggê* (5) cri de divers animaux et spécialement de la grue (en sanscrit la grue se nomme *kalâgkura*).

La terminaison *ng* est essentiellement malaise et a disparu dans plusieurs des noms de l'étain cités plus haut, la racine primitive est donc *kal*, exemple : malais *Kaluh* gémissement, océanien *Kala* crieur public; cf. sanscrit *kala* son sourd, persan *gal* coq, irlandais *galan* bruit, latin *calare* appeler, dans l'expression *calare comitia* (6).

Cette signification du mot *kalang=kala* va nous aider à trouver la situation de l'île *Kalah*, entrepôt de l'étain pendant de longs siècles. La détermination de cet emplacement éclaire un point important de l'histoire du commerce de l'étain au moyen âge dans l'Asie méridionale.

Il existe à Malacca et dans le Sud de l'Inde une grande quantité de villes, de ports, de rivières dont le nom présente, avec le mot en question, une analogie plus ou moins accentuée. Cette confusion est certainement fortuite, et les localités de l'extrême Orient seules possèdent des noms ayant leur étymologie dans le malais. L'influence siamoise a souvent aussi remplacé le *k* initial de *Kalang* par un *x* et même par un *s*, de sorte que nos cartes ne nous offrent que des mots souvent défigurés. L'existence de dialectes locaux et d'incorrectes transcriptions n'ont pas peu contribué à cette altération. On trouve ainsi à Malacca *Colentan* et *Kalantan*; les îles *Kalaat*, *Galang*, *Kalawang* et *Callain*; *Salangore* et *Xalangore*, sans doute pour *Kalangore*; *Salang* et *Xalang* pour *Kalang*; l'île de *Djankseylon*, *Junkealon*, *Junkseilon*, *Jonsalam*, *Gunsalam* et *Junxalam*, etc. Cette dernière île, située par 8° de lat. N., et par 96° de longit. E. se nomme aussi *Xalanga* pour *Kalanga*, et répond mieux que toute autre localité, à la position de l'île de *Kalah* comme je vais le faire voir.

Les voyageurs arabes du IXe siècle mettaient *Kalah* à mi-chemin entre la Chine

(1) HUGHES, *The country of Belochistan*, p. 242. — (2) *Journ. asiat.*, 5e série, vol. 2, p. 402. — (3) *Hinduvee dial. Jour. of asiat. societ. of Bengal*, vol. 12, p. 1094. — (4) WILLIAM, *Diction. of the New-Zealand lang.* — (5) STRABON, Didot, p. 505. l. XIV, c. II, 28. — (6) BRÉAL, mem. de la société de linguist. de Paris, t. I, p. 75.

et l'Arabie « *kalah* est le centre du commerce de l'aloès, du camphre, du san-» dal, de l'ivoire, du plomb *alkaly* (l'étain) (1). » Le dictionnaire géographique *Merassid-al-itthila* place aussi *Kalah* à moitié route entre l'Oman et la Chine (2); *Ben-al-ouardi*, dans la « perle des merveilles, » mentionne, sur la mer des Indes, une île de *Koula* où se trouvent du camphre et des mines d'étain (3). *Maçoudi* la nomme *Killah* et dit que les commerçants s'y donnent rendez-vous depuis peu de temps; autrefois, suivant lui, le commerce entre Chinois et Musulmans se faisait directement (4). Il parle d'îles voisines habitées par des hommes portant des cheveux crêpus, pillant les navires de commerce, et il indique que des mines d'étain se trouvaient entre leur pays et le territoire de *Kalah*. Le territoire de *Kalah* est sans doute la côte de Malacca placée vis-à-vis de *Junkceylon* et ces insulaires doivent être les habitants des îles *Nicobar* ou *Andaman*(5).

Edrisi place dans cette même île une mine d'étain très abondante et énumère le camphre et le rotang parmi ses productions (6). D'après *Ibn Khordabeh*, de *Serendib* ou Ceylan à l'île de *Likbalous* il y a quinze journées de navigation, de *Likbalous* (Nicobar ?) à l'île de *Kalah*, six autres journées. Les alentours produisent du camphre, des noix de coco, du sandal, du girofle, un volcan se trouve à quelque distance (7). *Sindbad* le marin lui-même mentionne l'étain et le camphre de *Kalah* (8).

L'île de *Junksalam* ou *Xalang* ou *Kalang* doit être l'île de *Kalah* dont il est question dans les auteurs que je viens de citer; son nom, la nature de ses productions, étain et camphre, les volcans et quelques autres circonstances semblent confirmer cette supposition. Suivant Walkenaer, *Kalah* est situé dans le Malacca près de Kédah, et Kédah n'est pas à plus de 150 kilomètres de Junkceylon (9).

A la vérité, cette dernière île n'est pas à moitié chemin entre l'Oman et la Chine, si, comme cela est probable, les historiens arabes ont voulu parler de cette portion de la Chine qui avoisine la rivière de Canton, mais *Pointe-de-Galle* que l'on a indentifiée avec *Kalah*, n'y est pas non plus, et ces emplacements supposés se trouvent tous deux à peu près à égale distance du milieu de cette route. Pointe-de-Galle ne produit pas de camphre.

Se fondant sur ce mot *galle*, et sur le voisinage de la côte de Coromandel (Tcholamandala: pays des Tcholas) dont le nom se rapproche de *Kalah bar* (pays de Kalah ou Kolah) employé par les auteurs (10), M. Reinaud a identifié *Kalah* avec le grand port du Sud de Ceylan, depuis longtemps entrepôt du commerce de la mer des Indes. Il cite *Cosmas* qui parle de l'airain de *Calliana* et Rennel qui place Calliana près de la rivière de *Kallian* descendant des Gâthes non loin de Bombay (11). Il me paraît peu probable que le métal de Calliana ait

---

(1) Reinaud, *Salsalat al tévarykh*, p. 93. — (2) Rienaud, *Relations des voyages des Arabes, desc. prélim.*, p. 61. — (3) Kharidat-el-adjaïb, *not. et ext. des man.*, vol. 2. p. 58. — (4) Maçoudi, *trad. B. de Meynard*, vol. 1, p. 307. — (5) Maçoudi, *trad. B. de Meynard*, vol. 1, p. 341. — (6) Edrisi, *trad. Jaubert*, t. I, p. 79. — (7) Ibn-Khordabeh, *Livre des routes et des provinces tr. B. Meynard. Jour. asiat.* 6e série, vol. 4, p. 288. — (8) Langlès, *Voyages de Sind-bâd*, p. 73. — (9) *Annales des voyages*, 1832, t. I, p. 10. — (10) Reinaud, *Relation des voyages des Arabes*, p. 85, note. — (11) Cosmas Indicopl., *op. Montfaucon*, *Bibl. nova patrum*, t. 2, p. 336. Heeren, *de la polit. et du com. des peuples de l'ant.* vol. 3, p. 455. Reinaud, *Relations commerc. de l'Emp. Rom.*, p. 293.

été l'étain, ce mot n'est sans doute que la dénomination locale d'une espèce de bronze; Struckius mentionne de son côté, dans le Bengale, une monnaie nommée *Kallais* (1). Si un de ces noms désigne l'étain, ou simplement mentionne le bronze en sa qualité d'alliage d'étain, la syllabe *kal* qui entre dans la composition de ces deux mots ne serait qu'une preuve de plus d'une importation malaise. *Ibn Batoutah* place aussi *Kalah* à Ceylan, si la ville qu'il nomme *Kaly* est bien celle qui nous occupe (2). L'hypothèse de l'identité de *Kalah* et de *Pointe-de-Galle* a été également adoptée par Tement (3).

Quant à Junkceylon, tous les écrivains s'accordent pour y placer de riches mines d'étain et en faire le point de départ d'un commerce important (4). « Le port de Junkceylon, dit Gervaise (1668), est un asile pour tous les vaisseaux qui vont à la côte de Coromandel. Avec le port de *Myrguime* ou *Mygri* (*Merghi*), ce sont les deux seuls du royaume de Siam où on puisse être en sûreté pendant les ouragans de juillet et d'août. Il est d'une grande conséquence pour le commerce du Bengale (5). » Il est donc fort probable que les expéditions d'étain se faisaient de Junkceylon vers l'Inde et le golfe Persique, d'où cet étain se répandait dans l'Arabie, la Perse, l'Asie Mineure, le Caucase, etc., comme le montre encore ajourd'hui la diffusion du nom malais de l'étain dans les langues de ces différentes contrées,

A notre époque, les mines du Cornwall s'appauvrissent, celles d'Allemagne n'ont jamais été fort productives, les gisements de l'Amérique ne sont pas exploités encore sur une très grande échelle, l'Australie ne livre pas au commerce de notables quantités de ce métal, mais Siam, Tenassérim, Malacca et Sumatra, ainsi que les îles avoisinantes, renferment un si grand nombre de filons et une si large surface d'alluvions stannifères, que, si les habitants de ces pays étaient plus actifs, la production de l'étain malais pourrait dépasser la consommation totale de ce métal. Les quantités énormes que nous arrivent déjà de ces contrées proviennent d'un petit nombre de mines, mais ce nombre ne peut que s'augmenter rapidement, car il n'est pas de branche de la métallurgie qui nécessite une main-d'œuvre moins savante, pas de minerai dont l'extraction soit plus facile et dont la réduction exige moins de combustible.

---

(1) *Jour. of the asiat. societ. of Bengal*, vol. 16, p. 25. — (2) IBN-BATOUTAH, *trad. Defremery*, vol. 4, p. 18. — (3) TEMENT, *Account of Ceylon*, vol. 1, p. 591. — (4) HUGUES DE LINSCHOT, *Hist. de sa navig. aux Indes orient.*, Amsterdam, 1619, p. 32. — GERVAISE *hist. nat. et pol. du roy. de Siam.*, p. 15. — MARSDEN, *hist. of Sumatra*, p. 286 NEWBOLD, *Account of Sunjie-Ujong*, *jour. of the asiat., societ of Bengal*, vol. 4, p. 543 — (5) GERVAISE. *hist. nat. et polit. du voy. de Siam*, p. 15, 32.

DUFRENÉ.

Paris. — Imp. et librairie de E. Lacroix, 54, rue des Saints-Pères.

www.ingramcontent.com/pod-product-compliance
Lightning Source LLC
LaVergne TN
LVHW020042170826
845678LV00001B/378

9782329696652